高职高专电子信息类专业系列教材

数字电子技术项目教程

主　编　段艳艳
副主编　费贵荣　陈　震
参　编　李　平　沈正传　王书杰　刘振兴
　　　　唐红锁　蒋建武　王　艳

机械工业出版社

本书是依据高职高专人才培养目标，按照"工学结合、项目引导、任务驱动、教学做一体化"的高职高专教学改革和课程改革思路来编写的，彻底打破学科课程的设计思路，以项目为引导，将数字电子技术的基础知识、基本理论融入到每一个项目的实践中，使学生获得数字电子技术方面的基本理论、基本知识和基本技能，并培养学生分析问题和解决问题的能力。

本书共设置了 5 个项目。前 4 个项目为主线项目，分别以加法器、抢答器、数字钟、电子门铃等典型载体为项目内容，在项目中逐步融入相关的数字电子技术理论知识，有效地将教学内容形象化、简单化、趣味化。项目 5 为综合项目，贯穿整个教学内容，让学生进一步掌握所学的知识，对课程内容的理解可以实现量的变化到质的飞跃，加强了学生实际动手能力和分析、设计能力的培养，同时培养了学生的创新思维与技术综合应用能力。

本书适合于高职高专院校应用电子技术、电子信息工程技术、移动通信技术、电气自动化技术、机电一体化技术、光伏发电技术与应用等专业学生使用，也可供从事电子技术、信息技术行业的有关人员参考。

图书在版编目（CIP）数据

数字电子技术项目教程/段艳艳主编.—北京：机械工业出版社，2018.8
（2021.1 重印）
高职高专电子信息类专业系列教材
ISBN 978-7-111-60052-7

Ⅰ.①数…　Ⅱ.①段…　Ⅲ.①数字电路-电子技术-高等职业教育-教材　Ⅳ.①TN79

中国版本图书馆 CIP 数据核字（2018）第 110116 号

机械工业出版社（北京市百万庄大街 22 号　邮政编码 100037）
策划编辑：曲世海　　责任编辑：曲世海
责任校对：刘志文　　封面设计：陈　沛
责任印制：常天培
固安县铭成印刷有限公司印刷
2021 年 1 月第 1 版第 2 次印刷
184mm×260mm · 12 印张 · 293 千字
标准书号：ISBN 978-7-111-60052-7
定价：39.80 元

电话服务　　　　　　　　网络服务
客服电话：010-88361066　机 工 官 网：www.cmpbook.com
　　　　　010-88379833　机 工 官 博：weibo.com/cmp1952
　　　　　010-68326294　金　书　网：www.golden-book.com
封底无防伪标均为盗版　机工教育服务网：www.cmpedu.com

前　言

"数字电子技术"是高职高专院校电子信息类专业的一门重要的专业基础课程，在电子信息类应用型人才的培养工作中占据重要地位，对学生职业能力的培养和职业素质的养成起着重要作用。本书贯彻了"以能力为本位，以职业实践为主线，以项目课程为主体的模块化专业课程体系"的总体设计要求，采取项目教学，以工作任务为出发点来激发学生的学习兴趣，紧紧围绕工作任务完成的需要来选择和组织课程内容，突出工作任务与知识的联系，让学生在实践活动的基础上掌握知识；内容的先后顺序安排上遵循由浅入深、由易到难、循序渐进的原则；内容突出应用性、实用性、针对性，增强了课程内容与职业岗位能力要求的相关性，注重学生综合素质的提高和可持续发展；难度和深度符合高等职业教育的要求。

本书由段艳艳任主编，费贵荣、陈震任副主编，李平、沈正传等参编。本书在编写过程中，参考了一些相关的专业著作及文献，在此谨对这些著作和文献的作者致以衷心的感谢！

为方便教学，本书有电子课件、思考与练习答案、模拟试卷及答案等教学资源，凡选用本书作为授课教材的学校，均可通过电话（010-88379564）或QQ（2314073523）咨询，有任何技术问题也可通过以上方式联系。

由于编者水平所限，书中错误和疏漏之处在所难免。在此，本书全体编者恳请使用本书的读者批评指正。

编　者

目 录

前 言
项目1 加法器的设计与制作 ··· 1
  项目目标 ·· 1
  项目引入 ·· 1
  预备知识 ·· 1
  任务1.1 逻辑门电路功能测试 ·· 3
    任务1.1.1 基本逻辑门电路功能测试 ·· 4
    任务1.1.2 复合逻辑门电路功能测试 ·· 8
    任务1.1.3 TTL集电极开路门（OC门）有关特性测试 ································ 11
    任务1.1.4 三态门相关特性测试 ·· 12
    任务1.1.5 CMOS门电路、TTL门电路外部应用特性的测试 ························ 19
  任务1.2 由门电路构成的组合逻辑电路功能的测试与分析 ······························ 22
    任务1.2.1 半加器电路逻辑功能的测试 ·· 23
    任务1.2.2 半加器电路逻辑功能的分析 ·· 23
  任务1.3 二进制加法计算器的设计 ·· 37
    任务1.3.1 全加器电路的设计 ··· 44
    任务1.3.2 简单加法计算器电路的设计（一） ·· 45
    任务1.3.3 简单加法计算器电路的设计（二） ·· 47
  【知识拓展】 ··· 49
  知识小结 ··· 54
  思考与练习 ·· 55

项目2 多路抢答器的设计与制作 ·· 57
  项目目标 ··· 57
  项目引入 ··· 57
  预备知识 ··· 57
  任务2.1 触发器、锁存器的功能测试 ·· 58
    任务2.1.1 RS触发器逻辑功能测试 ·· 60
    任务2.1.2 边沿D触发器逻辑功能测试 ··· 65
    任务2.1.3 边沿JK触发器逻辑功能测试 ·· 71
    任务2.1.4 触发器逻辑功能转换的测试 ·· 74
    任务2.1.5 8路锁存器功能测试 ··· 76
  任务2.2 编码器功能的测试 ··· 78
    任务2.2.1 二进制优先编码器功能测试 ·· 80

    任务 2.2.2　二-十进制优先编码器功能测试 ································ 82
    任务 2.2.3　二进制优先编码器功能扩展测试 ································ 84
  任务 2.3　译码器功能的测试 ··· 85
    任务 2.3.1　显示译码器及 LED 数码管功能测试 ····························· 86
    任务 2.3.2　变量译码器功能测试 ·· 90
    任务 2.3.3　变量译码器功能扩展测试 ·· 94
  任务 2.4　8 人抢答器的设计与制作 ··· 98
  【知识拓展】 ··· 102
  知识小结 ··· 109
  思考与练习 ··· 109

项目 3　数字钟的设计与仿真调试

  项目目标 ··· 111
  项目引入 ··· 111
  预备知识 ··· 111
  任务 3.1　由触发器构成的简单计数器的设计与测试 ····························· 113
    任务 3.1.1　四进制异步计数器的逻辑功能测试 ································ 114
    任务 3.1.2　四进制同步计数器的逻辑功能测试 ································ 115
    任务 3.1.3　同步计数器电路设计 ·· 118
  任务 3.2　集成计数器的功能测试 ··· 124
    任务 3.2.1　集成计数器 74161 逻辑功能测试 ································ 124
    任务 3.2.2　集成计数器 74390 逻辑功能测试 ································ 129
  任务 3.3　数字钟的设计与仿真调试 ··· 132
    任务 3.3.1　用 74LS161 及简单门电路构成六十进制计数器（0～59） ··········· 135
    任务 3.3.2　用 74LS161 及简单门电路构成二十四进制计数器（0～23） ········· 135
    任务 3.3.3　数字钟指示电路设计与仿真调试 ································ 136
  【知识拓展】 ··· 150
  知识小结 ··· 154
  思考与练习 ··· 154

项目 4　电子门铃电路的设计与仿真

  项目目标 ··· 156
  项目引入 ··· 156
  预备知识 ··· 156
  任务 4.1　555 定时器的功能测试 ··· 158
    任务 4.1.1　555 定时器构成的多谐振荡电路的功能测试 ······················· 159
    任务 4.1.2　555 定时器构成的施密特触发器电路的功能测试 ··················· 163
  任务 4.2　电子门铃电路的设计与仿真 ··· 166
    任务 4.2.1　简易电子门铃电路的设计与仿真 ································ 166
    任务 4.2.2　叮咚电子门铃电路的设计与仿真 ································ 167
    任务 4.2.3　延迟电子门铃电路的设计与仿真 ································ 169
  【知识拓展】 ··· 170

知识小结 ········· 173
思考与练习 ········· 173

项目 5　制作步进电动机 ········· 175
项目目标 ········· 175
项目引入 ········· 175
预备知识 ········· 175
任务 5.1　四相步进电动机转动 ········· 178
任务 5.2　四相步进电动机正反转控制 ········· 179
任务 5.3　四相步进电动机转动数字显示及置数控制 ········· 180
任务 5.4　四相步进电动机转速和定时控制 ········· 180

附录 ········· 181
附录 A　项目测试报告格式 ········· 181
附录 B　项目设计报告格式 ········· 182
附录 C　数字电路常用器件引脚图 ········· 184

参考文献 ········· 186

项目 1
加法器的设计与制作

项目目标：

1. 了解数字电路的基本知识。
2. 熟悉基本逻辑运算和复合逻辑运算、逻辑运算的定律及规则。
3. 掌握逻辑函数的常用表示方法。
4. 掌握逻辑代数的基本运算及函数的化简方法。
5. 掌握中小规模组合逻辑电路的分析和设计方法。

项目引入：

计算器可以方便地进行加、减、乘、除等运算。计算器的诸多运算是以二进制加法运算为基础的。令输入为两个二进制数，输出显示为这两个数的和，用简单的门电路就可以构成一个简单的加法计算器。

本项目共分三个任务：

任务 1.1：逻辑门电路功能测试：通过对基本门电路及复合门电路的测试，使学生了解逻辑及逻辑电平的概念，掌握基本逻辑运算和复合逻辑运算的基本表述方法（真值表、逻辑表达式、逻辑符号）。

任务 1.2：由门电路构成的组合逻辑电路功能测试与分析：运用逻辑代数的基本知识（逻辑代数的基本定律和规则、代数法化简、卡诺图化简、逻辑函数表达式的应用），对组合逻辑电路进行分析，了解组合逻辑电路实现的逻辑功能。

任务 1.3：设计二进制数加法计算器：通过对二进制加法电路的设计，使学生掌握组合逻辑电路的设计方法。

预备知识：

1. 模拟信号与数字信号

人类对信号的利用由来已久，如我国古代的"烽火""旗语"等，人们可以根据长城上燃放的烽火判断出敌人来的方向、人数及携带的武器数量。如今对信号的利用更是深入到我们生活的每个角落，如红绿灯信号、计算机中的信号、现代通信中的信号等。信号种类繁多，但按其本质和特点可分为两大类，即模拟信号与数字信号。

(1) 模拟信号

在模拟电子技术中，被传递、加工和处理的信号是模拟信号，模拟信号是时间和幅度上连续变化的信号。例如：交流电源50Hz正弦信号，正弦信号发生器的输出信号，速度、压力、温度、声音、重量等，这些都属于模拟信号。图1-1给出了几种常见的模拟信号波形。

模拟量有无穷多个数值，其数学表达式比较复杂，工程技术上为了分析方便，常用传感器将模拟量转换为电流、电压或电阻等电学量。用于传递、加工和处理模拟信号的电子电路称为模拟电路。

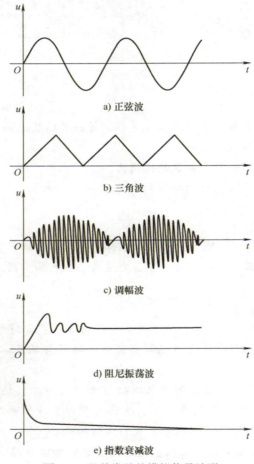

图1-1 几种常见的模拟信号波形

(2) 数字信号

在数字电子技术中，被传递、加工和处理的信号是数字信号，数字信号是时间上离散、数值上也离散的信号，常常用0和1来表示，这样可借助复杂的数字系统来实现信号的存储、分析和传输。图1-2给出了一个数字波形的例子。其中图1-2a是实际的脉冲波形，比某个电压电平U_{TH}（将其称为阈值电压）大时就称有脉冲，比U_{TH}小时就称无脉冲。有脉冲时用"1"表示，无脉冲时用"0"表示，图1-2a中按时间顺序表示为"1""1""0""1"。

在这种脉冲有无的问题上，可以将图1-2a的波形整形为图1-2b。即使由于噪声等缘故

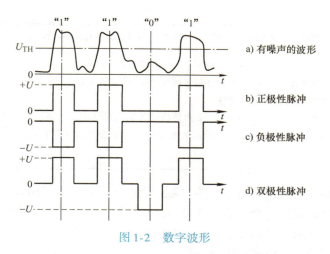

图 1-2 数字波形

导致波形的形状多少有些变化，也可以恢复为原来的脉冲波形，这是数字波形的一大特征。与此相对应的是模拟波形，由于模拟波形的全部皆为信号，因而不能对其波形进行整形，每经过一次电路网其信噪比（S/N）就会劣化。

对按时间顺序以"1""1""0""1"连续排列的脉冲串，其表示方法除图 1-2b 以外，还有如图 1-2c、d 所示的表示方法。

用于传递、加工和处理数字信号的电子电路称为数字电路，主要研究输出与输入信号之间的对应逻辑关系，其分析的主要工具是逻辑代数。因此，数字电路又称为逻辑电路。

2. 数字逻辑

我们所研究的数字信号是一种二值信号，用逻辑 0 和逻辑 1 来表示，没有数的含义，只代表两种完全对立的逻辑状态。

图 1-2c 与图 1-2b 的电压极性相反，一般把图 1-2b 的表示方法称为正逻辑体系，即用"1"表示高电平，用"0"表示低电平。反之，若用"0"表示高电平，用"1"表示低电平，即称为负逻辑体系。值得说明的是，今后若没有特别说明，一般都是指正逻辑体系。

任务 1.1　逻辑门电路功能测试

项目任务单如下：

项目名称	项目 1　加法器的设计与制作			
任务编号	1.1	任务名称	逻辑门电路功能测试	
任务内容	1. 使用数字电路综合实训箱设计、搭建电路，完成如下工作 （1）基本逻辑门电路功能测试； （2）复合逻辑门电路功能测试； （3）TTL 集电极开路门（OC 门）有关特性测试； （4）三态门相关特性测试； （5）CMOS 门电路、TTL 门电路外部应用特性的测试 2. 撰写测试报告			

(续)

任务实施准备	综合实训箱；数字万用表；74LS04、74LS00、74LS06、74LS125、74HC00 等芯片；各类电阻、发光二极管
任务要求与考核标准	1. 测试任务准备：能正确查阅手册了解测试电路中集成电路的逻辑功能及其引脚图，了解各引脚的功能，掌握测试设备的使用方法 2. 电路的连接与调试：能根据测试电路接好电路图，进行电路的调试及故障的处理 3. 测试结果记录及分析：能正确记录测试结果，并根据测试结果进行电路的功能分析 4. 测试报告：能规范撰写测试报告

目前，在数字系统中使用的集成电路主要分为两大类：一类是用双极型半导体器件作为组成器件的双极型集成逻辑电路；另一类是用金属-氧化物-半导体场效应晶体管（Metal-Oxide-Semiconductor Field Effect Transistor，MOSFET）作为组成器件的 MOS 集成逻辑电路。图 1-3 为常用数字集成门电路实物图。

a) 双列直插式　　　　　　　　b) 贴片式

图 1-3　数字集成门电路实物图

无论是上述哪种集成门电路，其引脚的分布规律都是一样的，即将集成块的缺口朝左，从左下脚起，逆时针旋转，依次为 1 脚、2 脚、3 脚、……，如图 1-4 所示。图 1-5 是任务 1.1.1 中所用集成电路 74LS04 的引脚分布。

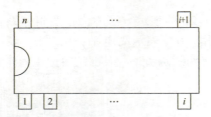　　　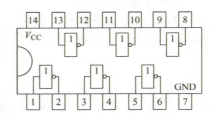

图 1-4　数字集成电路引脚号分布规律　　　图 1-5　74LS(HC)04 引脚分布

任务 1.1.1　基本逻辑门电路功能测试

任务编号	CS1-1	
任务名称	基本逻辑门电路功能测试	
任务要求	按测试程序要求完成所有测试内容，并撰写测试报告（格式要求见附录 A）	
测试设备	数字电路综合测试系统	（1 套）
	数字万用表	（1 块）
元器件	集成电路 74LS04	（1 块）

(续)

测试电路	![非门测试电路] A ① 1 ② F 图 1-6　非门测试电路
测试程序	1. 将 74LS04 插入数字电路综合测试系统中 14 脚插座，其中 74LS04 的缺口与插座的缺口要一致，74LS04 的引脚分布见图 1-5 2. 将 74LS04 的第 14 脚（V_{CC}）接电源电压 5V，第 7 脚（GND）接电源的地 3. 按照图 1-6 接好电路，将 74LS04 的第 1 脚接逻辑电平输入电路中的任意一路，第 2 脚接逻辑电平输出指示电路中的任意一路 　　当 $A=5V$ 时，用数字万用表测得输出 F 对地的电压为＿＿＿＿；当 $A=0V$ 时，用数字万用表测得输出 F 对地的电压为＿＿＿＿ 　　如果将 5V 用"1"表示，低于 0.4V 用"0"表示，则步骤 3 中可以变为：当输入为 1 时，输出为＿＿＿＿（0 或 1）；当输入为 0 时，输出为＿＿＿＿（0 或者 1）
结论	

1. 逻辑及逻辑电平

图 1-7 所示为某一开关，只有闭合和断开两种状态。我们将此开关的状态记为 A。需要指出的是，这里 A 并非开关本身，而是表示开关状态的变量，称为逻辑变量（Logical Variable）。逻辑变量的取值为真或假，分别常用数码 1 或 0 来表示，因此又称逻辑变量为布尔变量。并且把 A 称为原变量，$\overline{A}$ 称为反变量，因此常将 1 和 0 称为逻辑 0 和逻辑 1。在任务 1.1.1 的非门电路测试中，输出和输入的逻辑状态总是相反的。

图 1-7　开关及逻辑变量

同时，数字电路中可以利用开关的特性来产生两种离散的电压状态，如图 1-8 所示。一般将这两种电压状态称为逻辑电平，通常用"0"和"1"数字逻辑表示某些状态，例如：在一个电源电压为 +5V 的电路中，用"+5V"表示逻辑"1"，用"0V"表示逻辑"0"；在一个电源电压为 +15V 的电路中，用"+15V"表示逻辑"1"，用"0V"表示逻辑"0"。因此又将"+5V""+15V"称之为逻辑高电平，"0V"称之为逻辑低电平，如表 1-1 所示。

表 1-1　逻辑与逻辑电平的关系

电压/V	逻　　辑	逻辑电平
5	1	H（高电平）
0	0	L（低电平）

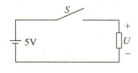

图 1-8　逻辑电平电路

在数字电路中，逻辑电平是指一定范围内的电平值，在TTL电路中通常将2~5V称为逻辑高电平，将0~0.8V称为逻辑低电平。标称TTL高电平为3.6V，标称TTL低电平为0.3V。

2. 基本逻辑运算

基本的逻辑关系有非逻辑、与逻辑和或逻辑三种，与之对应的逻辑运算为非运算（逻辑非）、与运算（逻辑乘）和或运算（逻辑加）。

（1）非运算

逻辑学上将"非"定义为：假定事件 F 成立与否同条件 A 的具备与否有关，若 A 具备，则 F 不成立；若 A 不具备，则 F 成立。F 和 A 之间的这种因果关系称为"非"逻辑关系，也叫逻辑取反。如图1-9所示，当开关闭合时灯泡不亮，当开关断开时灯泡亮。因此灯泡的状态与开关的状态之间满足逻辑非的关系，我们把实现非逻辑功能的单元电路称为非门，其图形符号如图1-10所示。

在分析和设计数字电路时，用逻辑代数表示输出变量和输入变量之间的关系。而逻辑代数是按一定的逻辑规律进行运算的代数，虽然它和普通代数一样也是用字母表示变量，但是逻辑代数中的变量只有0和1两个值。需要说明的是，这里0和1并不表示数量的大小，而是如前面所述，它是两种对立的逻辑状态。

常用的逻辑函数表示方法有逻辑状态真值表（简称真值表）、逻辑函数式、逻辑图和卡诺图等。从任务1.1.1可以看出，当输入变量的取值确定后，输出的取值也随之确定。因此，输出与输入之间存在一种函数关系，这种函数称为逻辑函数，写作

$$F = (A, B, \cdots)$$

并且规定式中 A 为最高位，依次是 $B, \cdots$。由于变量和输出（函数）的取值只有0和1两种状态，所以称逻辑函数为二值逻辑函数。

在任务1.1.1中，A 称为输入变量，F 称为输出变量。输出变量 F 和输入变量 A 总是为相反的逻辑状态，输出和输入之间的关系为"非"的关系，以变量上面的"—"（非号）表示非运算。用逻辑表达式表示为 $F = \overline{A}$。

真值表是一种描述输入、输出变量之间逻辑关系的表格。如果用 A 表示开关的状态，用1表示开关闭合，用0表示开关断开；用 F 表示指示灯的状态，用1表示灯亮，用0表示灯不亮，则可以列出以0、1表示的非逻辑关系的真值表，如表1-2所示。

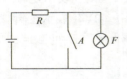

图1-9　逻辑非定义电路

图1-10　非门图形符号

表1-2　非逻辑真值表

A	F
0	1
1	0

根据表1-2，不难得到 $\overline{0} = 1$，$\overline{1} = 0$，因此常说0的反码为1，1的反码为0。同时，又能得到 $\overline{\overline{0}} = \overline{1} = 0$，$\overline{\overline{1}} = \overline{0} = 1$。通常将这一规则称为非非律，即 $\overline{\overline{A}} = A$。

(2) 与运算

逻辑学上将"与"定义为：只有决定事物结果的所有条件同时具备时，结果才会发生。这种因果关系称为逻辑与，也叫逻辑相乘。如图1-11所示，当两个开关都闭合时灯泡才亮，否则灯泡不亮，因此灯泡的状态与两个开关的状态之间满足逻辑与的关系。我们把实现与逻辑功能的单元电路称为与门，常用的与门元器件有74LS08。图1-12为与门图形符号。同样可以列出与逻辑功能的真值表，如表1-3所示。一般可以把与逻辑功能简记为：有0出0，全1出1。

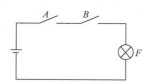

图1-11 逻辑与定义电路

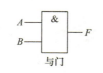

图1-12 与门图形符号

表1-3 与运算真值表

A	B	F
0	0	0
0	1	0
1	0	0
1	1	1

因此，与逻辑功能可以用 $F = A \cdot B = AB$ 表示，读作：F 等于 A 与 B，式中的"·"表示逻辑乘，在不需要特别强调的地方常常将"·"省略。对于多变量的逻辑乘，可写成 $F = A \cdot B \cdot C \cdot \cdots$。

同时，不难得到 $A \cdot 1 = A$，$A \cdot 0 = 0$，今后称此为 $0-1$ 律。同时有 $1 \times 1 = 1$，$A \cdot A = A$，称此为重叠律。

(3) 或运算

逻辑学上将"或"定义为：决定事物结果发生的诸多条件中只要有一个条件具备时，结果便会发生。这种因果关系称为逻辑或，也叫逻辑相加。如图1-13所示，两个开关只要有一个闭合时灯泡就亮，否则灯泡不亮，因此灯泡的状态与两个开关的状态之间满足逻辑或的关系。我们把实现或逻辑功能的单元电路称为或门，常用的或门元器件有74LS32。图1-14为或门图形符号。同样可以列出或逻辑功能的真值表，如表1-4所示。或逻辑功能可以简记为：有1出1，全0出0。

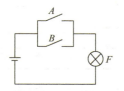

图1-13 逻辑或定义电路

图1-14 或门图形符号

表1-4 或运算真值表

A	B	F
0	0	0
0	1	1
1	0	1
1	1	1

因此，或逻辑功能可以用 $F = A + B$ 表示，读作：F 等于 A 或 B。对于多变量的逻辑或可写成 $F = A + B + C + \cdots$，同时不难得到 $A + 1 = 1$，$A + 0 = A$，称为 $0-1$ 律。同时有 $1 + 1 = 1$，$A + A = A$，称为重叠律。

任务 1.1.2　复合逻辑门电路功能测试

任务编号	CS1－2
任务名称	复合逻辑门电路功能测试
任务要求	按测试程序要求完成所有测试内容，并撰写测试报告
测试设备	数字电路综合测试系统　　　　　　　　　　　　　（1 套） 数字万用表　　　　　　　　　　　　　　　　　（1 块）
元器件	集成电路 74LS00　　　　　　　　　　　　　　　（1 块）
测试电路	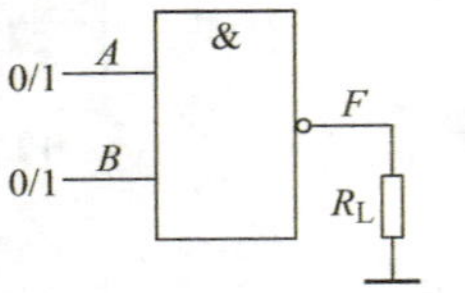 图 1-15　与非门测试电路
测试程序	1. 将 74LS00 正确插入数字电路综合测试系统中 14 脚插座 2. 给数字集成门电路加电源，即数字集成门电路的 V_{CC} 接综合测试系统中标有 5V 的插口，数字集成门电路的 GND 接综合测试系统中标有 GND 的插口 3. 按照图 1-15 接好电路。其中输入端分别接综合测试系统的逻辑电平输入电路，负载为综合测试系统中逻辑电平指示电路 4. 接通电源，改变输入电平，观察输出逻辑状态，用数字万用表测量输出电压的大小，并将结果记入下列相应的测试表 1-5 中，其中用数字万用表测量该悬空的输入端电压为＿＿＿＿V 5. 根据步骤 4 列出 74LS00 的真值表（见表 1-5），并写出逻辑函数表达式 表 1-5　74LS00 逻辑功能测试表 | A	B	Y	U_Y/V
---	---	---	---
0	0		
0	1		
1	0		
1	1		
×	0		
×	1			 测试结果表明：74LS00 的逻辑功能为＿＿＿＿＿＿，同时 TTL 集成门电路输入端悬空意味着输入为＿＿＿＿（高/低）电平
结论	

1. 复合逻辑运算——与非运算

与非逻辑运算是由基本逻辑运算"与"运算和"非"运算复合而成，是在与逻辑运算的基础上再取非，因此不难得到与非逻辑运算的功能为：有 0 出 1，全 1 出 0。

两个变量的与非表达式为

$$F = \overline{AB}$$

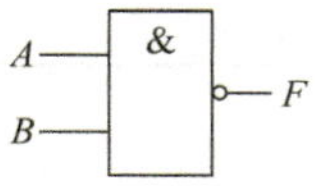

表 1-6 与非逻辑真值表

A	B	F
0	0	1
0	1	1
1	0	1
1	1	0

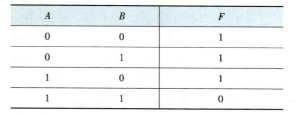

图 1-16 与非门图形符号

一般把能实现与非逻辑功能的单元电路称为与非门（NAND Gate），其图形符号如图 1-16 所示，其真值表如表 1-6 所示。

2. 复合逻辑运算——或非运算

或非逻辑运算是指在或逻辑运算的基础上再取非，因此不难得到或非逻辑运算的功能为：有 1 出 0，全 0 出 1。

两个变量的或非表达式为

$$F = \overline{A + B}$$

一般把能实现或非逻辑功能的单元电路称为或非门（NOR Gate），其图形符号如图 1-17 所示，其真值表如表 1-7 所示。

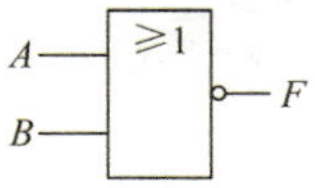

表 1-7 或非逻辑真值表

A	B	F
0	0	1
0	1	0
1	0	0
1	1	0

图 1-17 或非门图形符号

3. 复合逻辑运算——与或非运算

与或非逻辑运算是指先与后或再非所构成的逻辑运算，其逻辑表达式为 $F = \overline{AB + CD}$。并把实现"与或非"逻辑功能的单元电路称为与或非门，其电路图形符号如图 1-18 所示。表 1-8 所示为 $F = \overline{AB + CD}$ 的真值表。

表 1-8　与或非逻辑真值表

A	B	C	D	F	A	B	C	D	F
0	0	0	0	1	1	0	0	0	1
0	0	0	1	1	1	0	0	1	1
0	0	1	0	1	1	0	1	0	1
0	0	1	1	0	1	0	1	1	0
0	1	0	0	1	1	1	0	0	1
0	1	0	1	1	1	1	0	1	0
0	1	1	0	1	1	1	1	0	0
0	1	1	1	0	1	1	1	1	0

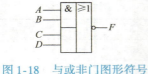

图 1-18　与或非门图形符号

4. 复合逻辑运算——异或运算

异或运算的逻辑关系为：输入逻辑状态相同时输出为 0，输入逻辑状态不同时输出为 1。两变量的异或逻辑表达式为 $F = A \oplus B = A\overline{B} + \overline{A}B$。异或逻辑表达式中 "$\oplus$" 为异或逻辑运算的运算符。

一般把实现异或逻辑运算的单元电路称为异或门，常用的异或门有 74LS86。图 1-19 所示为异或门图形符号，表 1-9 所示为两输入异或逻辑运算真值表。

表 1-9　异或逻辑真值表

A	B	F
0	0	0
0	1	1
1	0	1
1	1	0

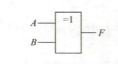

图 1-19　异或门图形符号

根据异或的逻辑功能，不难得到 $A \oplus 1 = \overline{A}$，$A \oplus 0 = A$。因此常常利用异或门的一个输入端作为控制端，从而实现改变输入信号的极性。

5. 复合逻辑运算——同或运算

同或运算的逻辑关系为：输入逻辑状态相同时输出为 1，输入逻辑状态不同时输出为 0。两变量的同或逻辑表达式为 $F = A \odot B = \overline{A}\,\overline{B} + AB$。同或逻辑表达式中 "$\odot$" 为同或逻辑运算的运算符。

一般把实现同或逻辑运算的单元电路称为同或门，图 1-20 所示为同或门图形符号，表 1-10 所示为两输入同或逻辑运算真值表。

根据同或的逻辑功能，不难得到 $A \odot 0 = \overline{A}$，$A \odot 1 = A$。因此常常可以利用同或门的一个输入端作为控制端，从而实现改变输入信号的极性。

表 1-10 同或逻辑真值表

A	B	F
0	0	1
0	1	0
1	0	0
1	1	1

图 1-20 同或门图形符号

比较异或运算和同或运算真值表可知，异或函数与同或函数在逻辑上互为反函数，即

$$A \oplus B = \overline{A \odot B} \qquad A \odot B = \overline{A \oplus B}$$

任务 1.1.3　TTL 集电极开路门（OC 门）有关特性测试

任务编号	CS1-3	
任务名称	TTL 集电极开路门（OC 门）有关特性测试	
任务要求	按测试程序要求完成所有测试内容，并撰写测试报告	
测试设备	数字电路综合测试系统	(1 套)
	数字万用表	(1 块)
元器件	集成电路 74LS06	(1 块)
	电阻 270Ω	(1 个)
	发光二极管	(1 个)
测试电路	图 1-21　OC 门相关特性测试电路	
测试程序	1. 将 74LS06 正确插入综合测试系统中的引脚插座 2. 根据图 1-21a 接好电路 3. 改变 A 的逻辑电平状态，观测 F 的逻辑电平状态，并记录于表 1-11 中 表 1-11　74LS06 功能真值表 | A | F | U_F/V | |---|---|---| | | | | | | | |	

(续)

测试程序	结论：74LS06 的逻辑功能为_____ 4. 保持步骤 3，将图 1-21a 中的电阻 270Ω 断开，再次按照表 1-11 测量 F 的逻辑电平状态 　结论：无论 A 状态如何，F 始终为_____电平。可见，此时 OC 门 74LS06 _____（正常/不正常）工作 5. 保持步骤 3，将图 1-21a 中 270Ω 的电阻改为 100kΩ，改变 A 的逻辑电平状态，测量 F 的逻辑电平状态 　结论：无论 A 状态如何，F 始终为_____电平。可见，此时 OC 门 74LS06 _____（正常/不正常）工作 6. 按图 1-21b 所示接好电路。接通电源，同时置 A 为高电平，并记录。此时，发光二极管_____（发光/不发光），电流表读数为_____ mA，可见 OC 门 74LS06 _____（具有/不具有）驱动发光二极管的能力 7. 按图 1-21c 所示接好电路。接通电源，改变 A、B 的逻辑电平状态，测量 F 的电平状态，并记录于表 1-12 中 　结论：F 与 A、B 之间的逻辑关系为_____，其逻辑函数表达式为_____ 表 1-12　线与功能真值表 | A	B	F	U_F/V
---	---	---	---
0	0		
0	1		
1	0		
1	1			
结论	

思考：为什么 OC 门 74LS06 电路输出端可以直接连接在一起，而 74LS00、74LS04、74LS20 等不能呢？

任务 1.1.4　三态门相关特性测试

任务编号	CS1-4	
任务名称	三态门相关特性测试	
任务要求	按测试程序要求完成所有测试内容，并撰写测试报告	
测试设备	数字电路综合测试系统	（1 套）
	数字万用表	（1 块）
元器件	集成电路 74LS125	（1 块）

(续)

测试电路	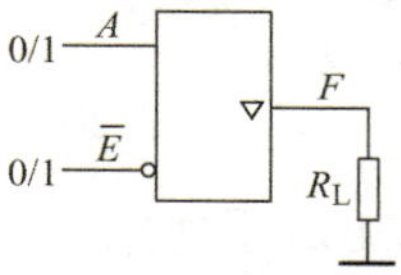 图 1-22 三态门相关特性测试电路
测试程序	1. 将 74LS125 正确插入数字电路综合测试系统中的引脚插座，并按图 1-22 接好电路。其中 A 和 $\overline{E}$ 分别接综合测试系统中逻辑电平输入开关，F 接综合测试系统中的逻辑电平指示电路。 2. 改变 A 和 $\overline{E}$ 的逻辑电平状态，观察 F 的逻辑电平状态，并将结果记录于表 1-13 中 结论：当控制端 $\overline{E}=0$ 时，$F=$ _____；当控制端 $\overline{E}=1$ 时，$F=$ _____。可见输出端 F 的状态有 _____，因此称之为三态门电路 表 1-13 三态门逻辑功能测试表 | $\overline{E}$ | A | F | U_F/V | |---|---|---|---| | 0 | 0 | | | | 0 | 1 | | | | 1 | 0 | | | | 1 | 1 | | |
结论	

1. TTL 门电路、CMOS 门电路的分类及其比较

常用的数字集成逻辑电路有：
（1）TTL 电路（晶体管-晶体管逻辑电路，Transistor – Transistor Logical Circuit）
它包括以下几种：
① TTL（中速 TTL，或称标准 TTL）。
② STTL（肖特基 TTL）。
③ LSTTL（低功耗肖特基 TTL）。
④ ALSTTL（先进低功耗肖特基 TTL）。
（2）ECL 电路（发射极耦合逻辑电路，Emitter Coupled Logic）
这是一种使晶体管工作在非饱和状态的电流开关电路，也称电流型数字电路。其主要特点是速度极快（延迟时间仅 1ns 左右）、工作频率很高（几百兆赫至 1.5GHz）、输出能力强、噪声低。
（3）MOS 电路（金属-氧化物-半导体电路，Metal – Oxide – Semiconductor）
它包括以下几种：
① PMOS（P 沟道型 MOS 集成电路）。

② NMOS（N 沟道型 MOS 集成电路）。

③ CMOS（互补型 MOS 集成电路），它又分为以下几个系列：
- CMOS（标准 CMOS4000 系列）。
- HC（高速 CMOS 系列）。
- HCT（与 TTL 兼容的 HCMOS 系列）。

根据器件使用环境不同，TTL 集成电路及 HCMOS 集成电路分为 54 系列和 74 系列，如表 1-14 所示。

表 1-14 TTL 集成电路及 HCMOS 集成电路分类

系 列		工作温度范围/℃	电源电压（TTL 系列）/V
军品	54	−55 ~ +125	+4.5 ~ +5.5（DC）
民品	74	0 ~ +70	+4.75 ~ +5.25（DC）

TTL、ECL 和 CMOS 三种集成电路的分类及特点如表 1-15 所示。由表可知，ECL 电路速度快，但是功耗大，抗干扰能力弱，一般用于高速且干扰小的电路中；CMOS 电路静态功耗低，且 MOS 电路线路简单、集成度高，HCMOS 的速度有所提高，故目前在大规模和超大规模集成电路中应用广泛；TTL 电路介于两者之间，当工作频率不高，又要求使用方便且不易损坏时，可选用 LSTTL 电路。

表 1-15 三种集成电路的性能比较

系 列	型 号	电源电压/V	门传输延迟时间/ms	门静态功耗/mW
TTL	54/74TTL 54/74LSTTL 54/74ALSTTL	$5 \times (1 \pm 5\%)$（74） $5 \times (1 \pm 10\%)$（74）	10 7.5 5	10 2 1
ECL	CE10K CE100K	$-5.2 \times (1 \pm 10\%)$ $-4.2 ~ -5.5$	2 0.75	25 40
CMOS	4000 54/74HC 54/74HCT	3 ~ 18 2 ~ 6 2 ~ 6	80 ~ 20 10 10	5×10^{-3} 2.5×10^{-3} 2.5×10^{-3}

TTL 系列集成逻辑门电路分类：

74 系列——TTL 集成电路早期的产品，属于中速 TTL 器件。

74L 系列——低功耗 TTL 系列，又称 LTTL 系列。

74H 系列——高速 TTL 系列，其高速是用增加功耗的代价换取的，因此改进效果不甚理想。

74S 系列——肖特基 TTL 系列，进一步提高了速度，其缺点是功耗加大，输出低电平升高。

74LS 系列——低功耗肖特基系列，保持了较高的速度，同时降低了功耗。

74ALS 系列——先进低功耗肖特基系列，是 74LS 系列的后继产品，其延迟-功耗积是所有 TTL 系列电路中最小的一种，具有速度快、功耗低的双重效果。

2. TTL 与非门的电路结构

与非门是 TTL 门电路中结构最典型的一种。图 1-23 中给出了 TTL 与非门的典型电路,它由三部分组成:VT_1、R_1 组成的输入级,VT_2、R_2、R_3 组成的中间级,VT_3、VT_4、R_4 和 VD 组成的输出级。设输入信号的高、低电平分别为 $U_{IH} = 3.4V$, $U_{IL} = 0.2V$, PN 结的伏安特性可以用折线化的等效电路来代替,并假设开启电压 U_{ON} 为 0.7V。

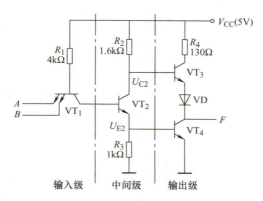

图 1-23 TTL 与非门典型电路

由图 1-23 可见,当 $U_A = U_B = U_{IH}$ 时,如果不考虑 VT_2 的存在,则 VT_1 的基极电位 $U_{B1} = U_{IH} + U_{ON} = 4.1V$。显然,在存在 VT_2 和 VT_4 的情况下,VT_2 和 VT_4 的发射结必然导通。而一旦 VT_2 和 VT_4 导通后,VT_1 的基极电位 U_{B1} 就钳定在 2.1V,所以 U_{B1} 在实际上不可能等于 4.1V,只能是 2.1V 左右。VT_2 的导通使 U_{C2} 降低而 U_{E2} 升高,导致 VT_3 截止、VT_4 导通,输出 F 变为低电平 U_{OL}。

当输入至少有一个为低电平时,晶体管 VT_1 的发射结正偏导通,从而使 VT_1 的基极电位被钳定在 $U_{B1} = U_{IL} + U_{ON} = 0.9V$。因此,$VT_2$ 的发射结不会导通。由于 VT_1 的集电极回路电阻是 R_2 和 VT_2 的集电结反向电阻之和,阻值非常大,因而 VT_1 工作在深度饱和状态,使 $U_{CE(sat)} \approx 0$。这时 VT_1 的集电极电流极小,在定量计算时可忽略不计。VT_2 截止后,U_{C2} 为高电平,而 U_{E2} 为低电平,从而使 VT_3 导通,VT_4 截止,输出 F 为高电平 U_{OH}。

可见,输出和输入之间为与非的逻辑关系,即 $F = \overline{AB}$。

输出级的特点是在稳定状态下 VT_3 和 VT_4 总是一个导通而另一个截止,这就有效地降低了输出级的静态功耗并提高了驱动负载的能力。此外,为了确保 VT_4 饱和导通时 VT_3 可靠地截止,又在 VT_4 的发射极下面串接了二极管 VD。

3. 集电极开路与非门(Open Collector Logical Gate Circuit)简介

在实际应用中,为了实现与逻辑,常常需要把几个门的输出端并联起来使用,这称为线与。TTL 与非门不能进行线与,这是由 TTL 门电路的输出结构所决定的。

可以看到,将两个 TTL 与非门的输出端直接用线连接起来,如图 1-24 所示,如果其中一个门输出高电平而另一个门输出低电平,则必然有很大的负载电流同时流过两个门的输出级。这个电流的数值远远超过正常工作电流,可能会使门电路损坏;此外,图 1-24 不能驱动较大电流、较高电压的负载。为了克服这些缺点,人们通过研究将图 1-24 中输出级 VT_4 的集电极开路,做成集电极开路的门电路,简称 OC 门,如图 1-25 所示。这种门电路能够保证输入、输出的高、低电平更好地符合需要,同时能够保证输出端晶体管的负载电流不过大。

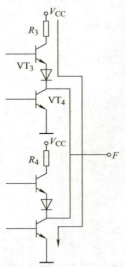

图 1-24　普通 TTL 门电路输出端并联使用

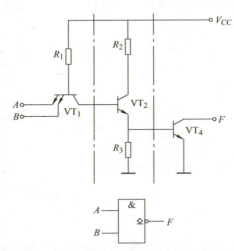

图 1-25　集电极开路与非门的电路和图形符号

下面介绍 OC 门的几个主要应用:

(1) 实现线与

将两个 OC 与非门的输出端相连后经电阻 R 接电源 V_{CC},即并联实现线与,如图 1-26 所示。通过分析得到 $F_1 = \overline{AB}$,$F_2 = \overline{CD}$,只要 F_1、F_2 中有一个为低电平,F 就为低电平;只有 F_1、F_2 同时为高电平,F 才为高电平,这样 $F = F_1 \cdot F_2 = \overline{AB} \cdot \overline{CD} = \overline{AB + CD}$。

由上式可看出:两个或多个 OC 与非门线与后可用来实现与或非逻辑功能。

(2) 驱动显示器

图 1-27 所示为 OC 门驱动发光二极管的电路。因 OC 门输出低电平时灌电流较大,所以可以用 OC 门来驱动发光二极管、指示灯、继电器及脉冲变压器等。该电路只有输入都为高电平时,输出才为低电平,发光二极管导通发光,否则,输出高电平,发光二极管熄灭。

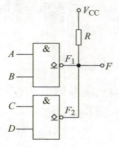

图 1-26　OC 门实现线与

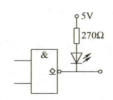

图 1-27　OC 门驱动发光二极管电路

（3）实现电平的转换

当线与的 OC 门 F_1、F_2 的输出都为高电平时，$U_{OH} = V_{CC}$，这个 V_{CC} 的电压值可以不同于门电路本身的电源，所以只要根据要求选择 V_{CC} 就可以得到所需要的高电平值。在数字系统中，系统的接口部分常常需要电平的转换，因此可以用 OC 门来完成电平的转换。图 1-28 把上拉电阻接到 $V_{CC} = 10V$ 的电源上，输入信号来自 TTL 与非门的输出电平，这样在 OC 门输入普通的 TTL 电平时，输出的高电平可以变为 10V，输出的低电平仍为 0.3V。

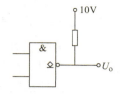

图 1-28　用 OC 门实现电平转换

4. 三态输出门（TS 门）电路简介

三态输出门是指不仅可输出高电平、低电平两个状态，而且输出还可呈高阻状态的门电路。在普通门电路的基础上附加一些控制电路就可以构成三态输出门（Three–State Output Gate，TS 门）。图 1-29 给出了三态输出门的电路图及其图形符号。

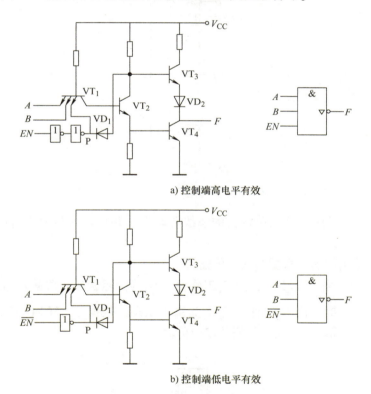

图 1-29　三态输出门的电路图及图形符号

图 1-29a 电路的控制端 EN 为高电平时（$EN=1$），P 点为高电平，二极管 VD_1 截止，电路的工作状态与普通的与非门没有什么区别，即 $F = \overline{AB}$。而当 EN 为低电平时（$EN=0$），P 点为低电平，二极管 VD_1 导通，VT_4 截止，VT_3 的基极电位被钳定在 0.7V 左右，从而使 VT_3 截止。由于 VT_3、VT_4 同时截止，所以输出端 F 呈现高阻状态。这样输出端就有三种可能出

现的状态：高阻、低电平、高电平，因此将这种门电路称为三态输出门。

图1-29a 电路的控制端 EN 为高电平时（$EN=1$），电路处于正常的与非工作状态，所以称控制端高电平有效。而图1-29b 电路的控制端 $\overline{EN}$ 为低电平时（$\overline{EN}=0$），电路处于正常的与非工作状态，所以称控制端低电平有效。

下面介绍三态输出门的应用：

(1) 用三态输出门构成单向总线结构

在一些复杂的数字系统（如微型计算机）中，为了减少各个单元电路之间连线的数目，希望能在同一条线上分时传递若干个门电路的输出信号。这时可采取图1-30所示的连接方式，图中 $G_1 \sim G_n$ 均为三态与非门。只要在工作时控制各个门的 EN 端轮流等于1，而且任何时刻仅有一个为1，就可以把各个门的输出信号轮流送到公共的传输线——总线上而互不干扰，这种连接方式称为总线结构。

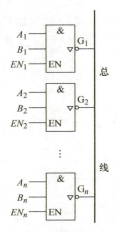

图1-30 用三态输出门构成单向总线结构

三态输出门还常做成单输入单输出的总线驱动器，并且输入与输出有同相和反相两种类型。

(2) 用三态输出门实现数据的双向传输

如图1-31所示，当 $EN=1$ 时，门 G_1 工作而门 G_2 为高阻状态，数据 D_0 经 G_1 反相后送到总线上去。当 $EN=0$ 时，门 G_2 工作而门 G_1 为高阻状态，数据 D_1 经门 G_2 反相后由 $\overline{D_1}$ 送出。可见，通过 EN 的不同取值可控制数据的双向传输。

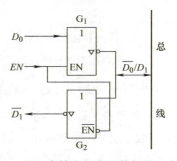

图1-31 用三态输出门实现数据的双向传输

任务 1.1.5　CMOS 门电路、TTL 门电路外部应用特性的测试

任务编号	CS1-5	
任务名称	CMOS 门电路、TTL 门电路外部应用特性的测试	
任务要求	按测试程序要求完成所有测试内容，并撰写测试报告	
测试设备	数字电路综合测试系统	（1 套）
	数字万用表	（1 块）
元器件	集成电路 74HC00	（1 块）
	集成电路 74LS00	（1 块）
	电阻　100Ω	（1 个）
	电阻　10kΩ	（1 个）
测试电路	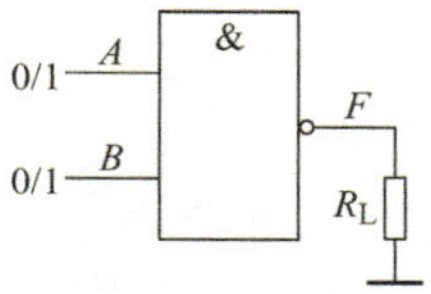 图 1-32　TTL、CMOS 外部应用特性测试电路	
测试程序	1. 将 74HC00 正确插入集成电路引脚插座中 2. 将 74HC00 的 V_{DD} 接数字电路综合测试系统中标有 5V 的插口，GND 接数字电路综合测试系统中标有 GND 的插口 3. 按照图 1-32 接好电路，其中负载为综合测试系统中的逻辑电平指示电路 4. 接通电源（闭合综合测试系统中的电源开关），改变输入电平，观察输出逻辑状态，用数字万用表测量输出电压的大小，并将结果记入相应的测试表 1-16 中 需要说明的是，表格中的 × 表示输入端悬空，即将输入端的引线断开。此时用数字万用表测量该悬空的输入端电压为_____V 5. 若将表 1-16 中的 × 分别接电阻 100Ω、10kΩ，则用数字万用表测得该输入端电压分别为_____V、_____V，同时输出逻辑状态分别为_____、_____ 6. 用 74LS00 代替 74HC00，则用数字万用表测得该输入端电压分别为_____V、_____V，同时输出逻辑状态分别为_____、_____ 表 1-16　74HC00 逻辑功能测试表 | A	B	Y	U_Y/V
---	---	---	---
0	0		
0	1		
1	0		
1	1		
×	0		
×	1		| 测试结果表明：74HC00 的逻辑功能为_____，输入端悬空意味着输入_____（高/低）电平，并且输入端无论接 100Ω 的电阻还是 10kΩ 的电阻，输入端都为_____（高/低）电平	
结论		

1. TTL 电路使用规则

图 1-33 所示为 TTL 电路的输入等效电路和输出等效电路（OC 门除外），熟悉此等效电路对于 TTL 电路的正确使用是非常有用的。

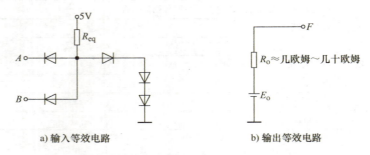

图 1-33　TTL 电路的输入、输出等效电路

TTL 电路在使用中应注意以下几个方面：

（1）电源

1）典型电源电压为 $V_{CC} = +5 \times (1 \pm 5\%)$ V（74 系列）。因为 TTL 电路存在尖峰电流，需要集成电路良好接地，并要求电源内阻要尽可能小，集成电路电源端要接 10~100μF 电容，防止低频干扰。此外，在多个芯片组成的电路中，每隔 5~10 个集成电路在电源和地之间要加一个 0.01~0.1μF 高频电容，以防产生高频干扰。

2）数字逻辑电路和强电控制电路要分别接地，避免强电控制电路地线上的干扰。

（2）输入端

1）输入端不能直接与高于 +5.5V 和低于 -0.5V 的低内阻电源连接，否则将损坏芯片。

2）由 TTL 电路的输入等效电路可知，输入端悬空等效于接 "1" 电平。但在 TTL 时序电路或在数字系统中，不用的输入端悬空易接收干扰，破坏电路功能，故不用的输入端应根据逻辑功能的要求接地或接至某一固定电压 U，且 $2.4V < U \leq 5V$。

3）如果在输入端串入电阻 R 再接地，R 值的大小会直接影响输入 U_i 的逻辑电平值。当 $R \leq 0.22 R_{eq}$ 时，输入端相当于接 "0" 电平；而当 $R \geq 1.3 R_{eq}$ 时，输入端相当于接 "1" 电平。

（3）输出端

1）由 TTL 电路的输出等效电路可知，除 OC 门和三态输出门以外，TTL 电路的输出端不允许并联使用。否则，不但会使电路逻辑混乱，而且会导致电路损坏。

2）输出端不允许直接接到 5V 电源或地端，否则会损坏电路。但可以通过电阻与电源相连，提高输出电平。

在电源接通时，不要插拔集成电路，因为电流的冲击可能会造成其永久性损坏。

2. CMOS 电路使用规则

图 1-34 所示是 CMOS 电路的输入等效电路和输出等效电路（OD 门除外）。

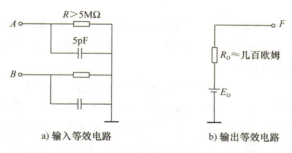

图 1-34　CMOS 电路的输入、输出等效电路

CMOS 电路在使用时应注意以下几个方面:

(1) 电源

1) 正确连接电源。V_{DD} 应接电源正极,V_{SS} 应接电源负极,不得接反,否则就会造成电路永久失效。不同的 CMOS 系列,其电源电压不同,应根据器件手册加正确的电源电压。CMOS 器件在不同的电源电压下工作时,其输出阻抗、工作频率和功耗也不相同。如果降低 CMOS 的工作电压,必将降低电路的速度或频率指标,设计中必须加以考虑。实验电路中一般 V_{DD} 接 +5V,与 TTL 电源电压相同。

2) 电路的总功耗是静态功耗与动态功耗之和,CMOS 电路的静态功耗很小,而动态功耗 P 与其工作频率 f、输出端的负载电容 C_L 和工作电源电压 V_{DD} 有关,其计算公式为

$$P = C_L V_{DD}^2 f$$

(2) 输入端

1) 注意输入端的静电保护。在储存和运输 CMOS 器件时,最好不要用容易产生静电的泡沫塑料、塑料袋或其他容器,而应使用金属容器或导电泡沫塑料包装。

在安装、调试过程中,操作人员的服装、手套等应选择不容易产生静电的材料;所有与 CMOS 电路直接接触的工具 (如电烙铁)、测试设备必须可靠接地。

2) 对输入信号 U_i 的要求: $V_{SS} \leq U_i \leq V_{DD}$。

由于 CMOS 集成电路的互补特点,造成了在电路内部有一个寄生的晶闸管 (VS) 效应,当 CMOS 集成电路受到某种意外因素 (如电感、电火花) 激发,使 U_i 大于 V_{DD} 时,寄生晶闸管自锁,从而产生大电流,使电路工作不稳定,甚至烧坏器件。

为防止 CMOS 寄生晶闸管触发,使用时应满足 $V_{SS} \leq U_i \leq V_{DD}$,同时要求先加电源电压 V_{DD},后加输入信号 U_i,关机时先撤 U_i,后关 V_{DD}。为防止意外因素激发,应在输入端串接 1~10kΩ 保护电阻,将 I_i 瞬态值限制在 1mA 以下。

3) 不用的多余输入端不应悬空,应根据功能要求接 V_{DD} (与门) 或接地 (或门),否则输出状态不稳定,还会产生大电流,使集成电路失效;也可以并联使用 (由于输入电容也并联,将使工作速度变慢)。以上所说不用的多余输入端,包括没有被使用的但已接通电源的 CMOS 电路的所有输入端。

4) 若输入到 CMOS 集成电路的信号,其上升时间 t_r 和下降时间 t_f 很长时,会使电路功耗增大,并形成瞬态尖峰电流。这个尖峰电流在寄存器、计数器中,可能会引起数据丢失,此时,时钟信号 CP 必须先经过施密特电路整形,使 t_r 和 t_f 减小。

（3）输出端

1）由 CMOS 输出等效电路可知，CMOS 集成电路的输出端不应直接和 V_{DD} 或 V_{SS} 相连；否则，将因拉电流或灌电流过大而损坏器件。另外，除三态输出门和 OD 门外，也不允许两个 CMOS 器件的输出端并联使用。

输出端与大电容、大电感直接相接时，将使功耗增加、工作速度下降，严重时会损坏电路。为此，应在电路输出和电容之间串接保护电阻 $R \geq 10\text{k}\Omega$，并尽力减小容性负载。同一芯片上相同门的输入端和输出端分别并联，可提高工作速度，增加电路的驱动能力。

2）CMOS 驱动能力较 TTL 要小得多，一般 4000 系列门可直接驱动两个低功耗肖特基 TTL 电路，HCMOS 系列门由于采用了双缓冲输出结构，其驱动能力得以提高；但 CMOS 驱动能力很强，其扇出系数可达 50，考虑到负载电容的影响，CMOS 扇出系数常取 10～20 为限。

（4）CMOS 电路的保护措施

防止静电击穿是使用 CMOS 电路时应特别注意的问题。为防止击穿，可采取以下措施：

1）焊接、安装 CMOS 集成电路器件时，最好采用低功率的电烙铁，例如 20W 内热式电烙铁。焊接用工作台不要铺塑料板等易带静电的物体，焊接时间不宜过长，避免外界干扰和静电击穿。

2）通电测试时，若信号源和电路板使用两组稳压电源，则开机时要先接通电路板电源，再给信号源加电；关机时要先使信号源断电，再断开电路板电源。

3）插拔 CMOS 芯片时要先切断电源。

任务 1.2　由门电路构成的组合逻辑电路功能的测试与分析

项目任务单如下：

项目名称	项目 1　加法器的设计与制作		
任务编号	1.2	任务名称	由门电路构成的组合逻辑电路功能的测试与分析
任务内容	1. 使用数字电路综合实训箱设计、搭建电路，完成半加器电路的功能测试。步骤：按测试电路图接好电路；接通电源，改变输入电平，观察输出逻辑状态，记录测试结果，撰写测试报告 2. 用组合逻辑电路的方法完成半加器电路的功能分析		
任务实施准备	综合实训箱；数字万用表；74LS86、74LS00 等芯片		
任务要求与考核标准	1. 测试任务准备：能正确查阅手册了解测试电路中集成电路的逻辑功能及其引脚图，了解各引脚的功能，掌握测试设备的使用方法 2. 电路的连接与调试：能根据测试电路接好电路图，进行电路的调试及故障的处理 3. 测试结果记录及分析：能正确记录测试结果，并根据测试结果进行电路的功能分析 4. 测试报告：能规范撰写测试报告		

任务 1.2.1　半加器电路逻辑功能的测试

任务编号	CS1-6
任务名称	半加器电路逻辑功能的测试
任务要求	按测试程序要求完成所有测试内容，并撰写测试报告（格式要求见附录 A）
测试设备	数字电路综合测试系统　　　　　　　　　　　　（1 套） 数字万用表　　　　　　　　　　　　　　　　　（1 块） 集成电路 74LS86、74LS00　　　　　　　　　　　（各 1 块）
测试电路	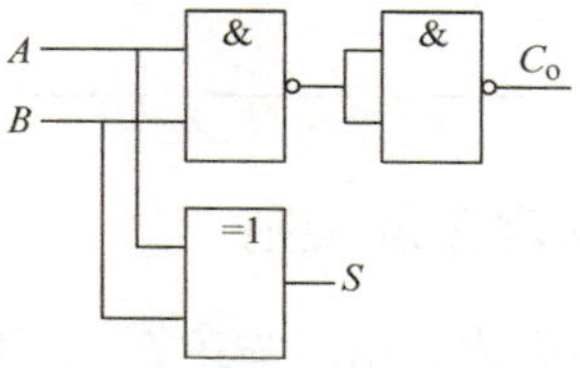 图 1-35　半加器功能测试电路
测试程序	1. 按照图 1-35 所示接好电路 2. 接通电源，改变 A、B 的逻辑电平状态，观察 C_o、S 的逻辑电平状态，并将结果记录于表 1-17 中 表 1-17　功能真值表 | A | B | C_o | S | |---|---|---|---| | 0 | 0 | | | | 0 | 1 | | | | 1 | 0 | | | | 1 | 1 | | | 通过表 1-17，可得到 C_o、S 与 A、B 之间的逻辑关系为＿＿＿＿＿＿＿
结论	

任务 1.2.2　半加器电路逻辑功能的分析

任务编号	CS1-7
任务名称	半加器电路的逻辑功能分析
任务要求	分析图 1-35 所示电路的逻辑功能，写出分析过程

(续)

分析过程	按照组合逻辑电路的分析过程进行分析 1. 写出逻辑表达式。由输出到输入或由输入到输出逐级地推导，写出输出逻辑函数表达式：$C_o =$ _____ ，$S =$ _____ 2. 进行化简。用公式法或卡诺图法将函数表达式化简成最简表达式 $C_o =$ _____ ，$S =$ _____ 3. 列真值表 4. 根据真值表总结归纳逻辑功能，写出简洁的文字说明
结论	

一、逻辑代数的基本定律及规则

逻辑指事物因果关系的规律，用于描述客观事物逻辑关系的数学工具称为逻辑代数，又称布尔代数或开关代数。

逻辑代数是分析数字电路的重要工具，其常用的公式及基本定理是逻辑代数中的重要内容，应用非常广泛。

1. 逻辑代数的基本逻辑关系运算定律

表 1-18 列出了逻辑代数的与、或、非等基本逻辑关系的运算定律，主要有 0-1 律、重叠律、互补律、还原律。

表 1-18　0-1 律、重叠律、互补律、还原律

定律名称	定律内容	
0-1 律	$A \cdot 0 = 0,\ A \cdot 1 = A$	$A + 0 = A,\ A + 1 = 1$
重叠律	$A \cdot A = A$	$A + A = A$
互补律	$A \cdot \bar{A} = 0$	$A + \bar{A} = 1$
还原律	$\bar{\bar{A}} = A$	

2. 与普通代数相似的定律

表 1-19 列出了逻辑代数与普通代数相似的基本定律，主要有交换律、结合律、分配律。

表 1-19　交换律、结合律、分配律

定律名称	定律内容	
交换律	$A \cdot B = B \cdot A$	$A + B = B + A$
结合律	$A \cdot (B \cdot C) = (A \cdot B) \cdot C$	$A + (B + C) = (A + B) + C$
分配律	$A \cdot (B + C) = AB + AC$	$A + BC = (A + B)(A + C)$

3. 吸收律

吸收律是逻辑函数化简中常用的基本定律，如表 1-20 所示。

表 1-20 吸收律

吸收律	证明
$AB + A\bar{B} = A$	$AB + A\bar{B} = A(B + \bar{B}) = A \cdot 1 = A$
$A + AB = A$	$A + AB = A(1 + B) = A \cdot 1 = A$
$A + \bar{A}B = A + B$	$A + \bar{A}B = (A + AB) + \bar{A}B = A + (A + \bar{A})B = A + B$
$AB + \bar{A}C + BC = AB + \bar{A}C$	$AB + \bar{A}C + BC = AB + \bar{A}C + (A + \bar{A})BC = AB + \bar{A}C + ABC + \bar{A}BC = AB + \bar{A}C$

推广：$AB + \bar{A}C + BCDE = AB + \bar{A}C$

由表 1-20 可知，利用吸收律化简逻辑函数时，某些项或因子在化简中被吸收掉，使逻辑函数式变得更简单。

4. 反演（摩根）定律

反演定律如表 1-21 所示。

表 1-21 反演定律

定律名称	定律内容	
反演律	$\overline{AB} = \bar{A} + \bar{B}$	$\overline{A + B} = \bar{A} \bar{B}$

以上表中的表达式可以用真值表来验证其正确性。如果等式成立，那么将任何一组变量的取值代入表达式两边后结果应该相等，这就意味着等式两边所对应的真值表也相同。

【例 1.1】用真值表验证表 1-21 中的反演律（摩根定律）。

解：将 A、B 所有可能的取值组合逐一代入式 $\overline{AB}$ 和 $\bar{A} + \bar{B}$ 中，得到表 1-22。可见，真值表相同，其对应的式子也就相等。

因此，可以得到

$$\overline{A + B} = \bar{A} \bar{B} \qquad \overline{AB} = \bar{A} + \bar{B}$$

值得说明的是，如果两个逻辑代数相等，是指这两个逻辑代数的逻辑功能相同，它与数学中的相等不是同一回事。

表 1-22 【例 1.1】真值表

A	B	$\overline{A + B}$	$\bar{A}\bar{B}$	$\overline{AB}$	$\bar{A} + \bar{B}$
0	0	1	1	1	1
0	1	0	0	1	1
1	0	0	0	1	1
1	1	0	0	0	0

5. 逻辑代数的规则

（1）代入规则

任何一个逻辑等式，以某个逻辑变量或逻辑函数同时取代等式两端任何一个逻辑变量后，等式依然成立，这就是代入规则。

【例 1.2】 用代入规则证明摩根定律的推广式：

$$\overline{A+B+C+\cdots} = \overline{A} \cdot \overline{B} \cdot \overline{C} \cdots \quad (1)$$

$$\overline{A \cdot B \cdot C \cdots} = \overline{A} + \overline{B} + \overline{C} + \cdots \quad (2)$$

证明：（1）根据摩根定律得 $\overline{A+B} = \overline{A} \cdot \overline{B}$

根据代入规则，将 $B = B + C$ 代入，则

$$\overline{A+B+C} = \overline{A} \cdot \overline{B+C} = \overline{A} \cdot \overline{B} \cdot \overline{C}$$

所以左边 = 右边，即等式成立。

（2）根据摩根定律得

$$\overline{A \cdot B} = \overline{A} + \overline{B}$$

根据代入规则，将 $B = B \cdot C$ 代入，则

$$\overline{ABC} = \overline{A} + \overline{BC} = \overline{A} + \overline{B} + \overline{C}$$

所以左边 = 右边，即等式成立。

（2）反演规则

对于任意一个逻辑表达式 F，若将其中所有的"·"换成"+"，"+"换成"·"，0 换成 1，1 换成 0，原变量变成反变量，反变量变成原变量，则得到的结果为 $\overline{F}$，这就是反演规则。

反演规则为求已知逻辑式的反逻辑式提供了方便。此外在使用反演规则时还需注意遵守以下两个规则：一是仍需遵守"先括号、再乘、最后加"的运算优先次序，必要时加括号表明；二是几个变量（一个以上）的公共在变换后保留不变。

【例 1.3】 用反演定律证明同或和异或互为反函数。

解： $F = A \odot B = AB + \overline{A}\,\overline{B}$

利用反演定律可以得到

$$\overline{F} = (\overline{A} + B) \cdot (A + \overline{B}) = \overline{A}A + \overline{A}\,\overline{B} + BA + B\overline{B} = \overline{A}\,\overline{B} + A\overline{B} \cdot A \oplus B$$

所以 $\overline{A \odot B} = A \oplus B$

（3）对偶规则

对于任意一个逻辑表达式 F，若将其中所有的"·"换成"+"，"+"换成"·"，0 换成 1，1 换成 0，变量保持不变，则得到的结果为 F'，这就是对偶规则。

为了证明两个逻辑式相等，也可以通过证明它们的对偶式相等来完成。因为有时证明它们的对偶式相等显得更容易一些。

【例 1.4】 已知 $F = A + B\overline{C} + \overline{A}(C + \overline{DE}) \cdot 0$，求 F'。

解： 利用对偶规则，可以得到

$$F' = A \cdot (B + \overline{C}) \cdot (\overline{A} + C \cdot \overline{D + E} + 1)$$

二、逻辑函数及其表示方法

1. 逻辑表达式

如果以函数式中所含的变量乘积项的特点以及乘积项之间的逻辑关系来区分，逻辑函数的表达式可以分为"与或""或与""与非""或非""与或非""或与非"等形式。其中"与或""或与"是逻辑函数的基本表达形式，其他各种表达形式可以借助于逻辑函数的基本定律进行转换得到。

例如：函数 $F = A\overline{B} + \overline{A}B$ 可以表示为

$$F = A\overline{B} + \overline{A}B \qquad \text{与或式}$$

$$= (A + B)(\overline{A} + \overline{B}) \qquad \text{或与式}$$

$$= \overline{\overline{A\overline{B}} \cdot \overline{\overline{A}B}} \qquad \text{与非-与非式}$$

$$= \overline{\overline{A + B} + \overline{\overline{A} + \overline{B}}} \qquad \text{或非-或非式}$$

$$= \overline{\overline{A\overline{B}} + \overline{\overline{A}B}} \qquad \text{与或非式}$$

2. 最小项与最大项

(1) 最小项

如果与或-与或形式的 n 变量逻辑函数中，每个与项的变量个数为 n，并且 n 个变量以原变量或者反变量的形式只出现一次，这样的与项就称为最小项（也称为标准与项）。

例如，三变量 A、B、C 的最小项有 $\overline{A}\,\overline{B}\,\overline{C}$、$\overline{A}\,\overline{B}C$、$\overline{A}B\overline{C}$、$\overline{A}BC$、$A\overline{B}\,\overline{C}$、$A\overline{B}C$、$AB\overline{C}$、$ABC$ 共 $8(2^3)$ 个最小项。n 变量的最小项最多应有 2^n 个。因此逻辑函数 $F(A, B, C) = \overline{A}BC + A\overline{B}C + AB\overline{C}$ 称为最小项之和的形式，也称为标准与或形式。

输入变量的每一组取值都使一个对应的最小项的逻辑值为 1。如在三变量 A、B、C 的最小项中，当 $A = B = 1$、$C = 0$ 时，$AB\overline{C} = 1$。如果把 $AB\overline{C}$ 的取值 110 看作一个二进制数，那么它所表示的十进制数就是 6。今后为了使用方便，将 $AB\overline{C}$ 这个最小项记作 m_6。按照这一规定，可以得到表 1-23 所示三变量 A、B、C 的最小项编号表。

因此逻辑函数 $F(A, B, C) = \overline{A}BC + A\overline{B}C + AB\overline{C}$ 也可以表示成

$$F(A, B, C) = m_3 + m_5 + m_6 = \sum m(3, 5, 6)$$

表1-23 三变量 A、B、C 的最小项编号表

最 小 项	使最小项为1的变量取值			对应的十进制数	编 号
	A	B	C		
$\bar{A}\bar{B}\bar{C}$	0	0	0	0	m_0
$\bar{A}\bar{B}C$	0	0	1	1	m_1
$\bar{A}B\bar{C}$	0	1	0	2	m_2
$\bar{A}BC$	0	1	1	3	m_3
$A\bar{B}\bar{C}$	1	0	0	4	m_4
$A\bar{B}C$	1	0	1	5	m_5
$AB\bar{C}$	1	1	0	6	m_6
ABC	1	1	1	7	m_7

同理，对于四个变量的最小项编号可以记作 $m_0 \sim m_{15}$。

从最小项的定义，不难得出它具有以下几个重要的性质：

- 在输入变量的任何取值下，有且仅有一个最小项的值为1。
- 全体最小项之和为1。
- 任意两个最小项的乘积为0。
- 如果两个最小项之间只有一个变量的形式不同，则这两个最小项具有相邻性（这种相邻称为逻辑相邻），如 $\bar{A}BC$ 和 ABC 彼此相邻。因此具有相邻性的两个最小项之和可以消去一对因子，如 $\bar{A}BC + ABC = BC$。

（2）最大项

如果或与-或与形式的 n 变量逻辑函数中，每个或项的变量个数为 n，并且 n 个变量以原变量或者反变量的形式只出现一次，这样的或项就称为最大项（也称为标准或项）。

例如，三变量 A、B、C 的最大项有 $A+B+C$、$A+B+\bar{C}$、$A+\bar{B}+C$、$A+\bar{B}+\bar{C}$、$\bar{A}+B+C$、$\bar{A}+B+\bar{C}$、$\bar{A}+\bar{B}+C$、$\bar{A}+\bar{B}+\bar{C}$ 共8（2^3）个最大项。n 变量的最大项最多应有 2^n 个。因此逻辑函数 $F(A,B,C) = (A+\bar{B}+C)(\bar{A}+B+C)(A+B+\bar{C})$ 称为最大项之积的形式，也称为标准或与形式。

输入变量的每一组取值都使一个对应的最大项的逻辑值为0。如在三变量 A、B、C 的最小项中，当 $A=B=0$、$C=1$ 时，$A+B+\bar{C}=0$。如果把 $A+B+\bar{C}$ 的取值001看作一个二进制数，那么它所表示的十进制数就是1。今后为了使用方便，将 $A+B+\bar{C}$ 这个最大项记作 M_1。按照这一规定，可以得到表1-24所示三变量 A、B、C 的最大项编号表。

因此逻辑函数 $F(A,B,C) = (A+\bar{B}+C)(\bar{A}+B+C)(A+B+\bar{C})$ 也可以表示成 $F(A,B,C) = M_1 \cdot M_2 \cdot M_4 = \Pi M(1,2,4)$。

同理，对于四个变量的最大项编号可以记作 $M_0 \sim M_{15}$。

项目1　加法器的设计与制作　29

表 1-24　三变量 A、B、C 的最大项编号表

最　大　项	使最小项为 0 的变量取值			对应的十进制数	编　号
	A	B	C		
$A+B+C$	0	0	0	0	M_0
$A+B+\overline{C}$	0	0	1	1	M_1
$A+\overline{B}+C$	0	1	0	2	M_2
$A+\overline{B}+\overline{C}$	0	1	1	3	M_3
$\overline{A}+B+C$	1	0	0	4	M_4
$\overline{A}+B+\overline{C}$	1	0	1	5	M_5
$\overline{A}+\overline{B}+C$	1	1	0	6	M_6
$\overline{A}+\overline{B}+\overline{C}$	1	1	1	7	M_7

从最大项的定义，不难得出它具有以下几个重要的性质：
- 在输入变量的任何取值下，有且仅有一个最大项的值为 0。
- 全体最大项之积为 0。
- 任意两个最大项之和为 1。
- 如果两个最大项之间只有一个变量的形式不同，则这两个最大项具有相邻性（这种相邻称为逻辑相邻），如 $\overline{A}+\overline{B}+\overline{C}$ 和 $A+\overline{B}+\overline{C}$ 彼此相邻。因此具有相邻性的两个最大项相乘可以消去一对因子，如 $(\overline{A}+\overline{B}+\overline{C})(A+\overline{B}+\overline{C})=\overline{B}+\overline{C}$。

根据最小项和最大项的编号规定可以得出，对于逻辑函数 $F(A,B,C)$ 而言，变量 A 为最高位，因此变量的顺序不同，其最小项或最大项的编号也就不同，这一点提醒读者注意。

对于同一个逻辑函数，既可以用最小项之和的形式表达，也可以用最大项之积的形式表达。设一逻辑函数 $F(A,B,C)=\overline{A}BC+A\overline{B}C+AB\overline{C}$，则 $F(A,B,C)=m_3+m_5+m_6$，从而有

$$\overline{\overline{F(A,B,C)}}=\overline{\overline{A}BC+A\overline{B}C+AB\overline{C}} \qquad （非非律）$$

$$=\overline{\overline{\overline{A}BC}\cdot\overline{A\overline{B}C}\cdot\overline{AB\overline{C}}} \qquad （反演律）$$

$$=\overline{(A+\overline{B}+\overline{C})\cdot(\overline{A}+B+\overline{C})\cdot(\overline{A}+\overline{B}+C)} \qquad （反演律）$$

$$=\overline{M_3\cdot M_5\cdot M_6} \qquad （最小项编号）$$

所以　　　　　　　$F(A,B,C)=m_3+m_5+m_6=\overline{M_3\cdot M_5\cdot M_6}$

那么最小项与最大项之间的关系如何呢？这里举例说明。例如，三变量 A、B、C 最小项之一 $m_0(\overline{A}\,\overline{B}\,\overline{C})$ 通过反演律，得

$$m_0=\overline{A}\,\overline{B}\,\overline{C}=\overline{A+B+C}=\overline{M_0}$$

推广得知，同一下标的最大项和最小项是互补的，即 $m_i=\overline{M_i}$。

三、组合逻辑电路

1. 组合逻辑电路的描述

数字电路按其完成逻辑功能的不同特点，可划分为两类：一类是没有记忆功能的电路，另一类是具有记忆功能的电路。通常把前者称为组合逻辑电路，后者称为时序逻辑电路。

组合逻辑电路可定义为：若逻辑电路在任何给定时刻的稳定输出仅仅是该时刻输入状态的函数，就称之为组合逻辑电路。时序逻辑电路定义为：若逻辑电路在任何给定时刻的稳定输出不仅取决于该时刻的输入状态，而且和电路原来所处的状态有关，这种逻辑电路称为时序逻辑电路。

从结构上讲，组合逻辑电路都是单纯由逻辑门组成，且输出不存在反馈路径；而时序逻辑电路具有反馈路径。

如图 1-36 所示，A、B、C_i 为输入变量，S、C_o 为输出变量。由图可知，无论任何时刻，一旦 A、B、C_i 的取值确定后，S、C_o 的取值也随之确定，与电路过去的工作状态无关。

图 1-36 组合逻辑电路举例

从理论上看，逻辑电路图本身就是逻辑功能的一种表达形式。而在许多情况下，用逻辑电路图表示的逻辑功能不够直观，往往还需要把它转换成逻辑函数式或逻辑真值表的形式，以使电路的逻辑功能更加直观、明显。

图 1-36 的逻辑功能就可以用下式表示：

$$\begin{cases} S = (A \oplus B) \oplus C_i \\ C_o = (A \oplus B) \oplus C_i + AB \end{cases}$$

对于任何一个多输入、多输出的组合逻辑电路，都可以用图 1-37 所示的框图表示。图中 A_1、A_2、A_3、$\cdots$、A_n 表示输入变量，F_1、F_2、F_3、$\cdots$、F_n 表示输出变量。输出与输入之间可以用一组逻辑函数表示，即

$$F_1 = f_1(A_1, A_2, \cdots, A_n)$$
$$F_2 = f_2(A_1, A_2, \cdots, A_n)$$
$$\vdots$$
$$F_n = f_n(A_1, A_2, \cdots, A_n)$$

用向量表示为 $\boldsymbol{F} = f(\boldsymbol{A})$

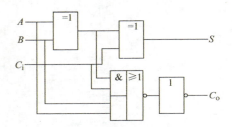

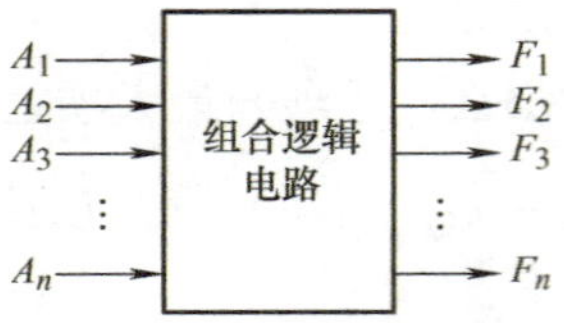

图 1-37 组合逻辑电路框图

2. 逻辑函数的化简

我们知道，逻辑函数式越简单，它所表示的逻辑关系就越明显，同时也有利于用最少的电子器件来实现这个逻辑函数，电路工作越稳定可靠。那么逻辑函数化简到什么程度才算最简呢？一般如果要求逻辑函数最后化简结果是与或形式，则要求与项最少，并且每个与项中包含的变量因子最少；如果要求逻辑函数化简结果是或与形式，则要求或项最少，并且每个或项中包含的变量因子最少。

常见的逻辑函数化简方法有公式法化简和卡诺图法化简。

（1）公式法化简

公式法化简的实质就是运用前面所述的逻辑代数基本定律来化简，如下例所示。

【例 1.5】利用公式 $A+\bar{A}=1$，将两项合并为一项，并消去一个变量。

$$F = ABC + \bar{A}BC + B\bar{C} = (A+\bar{A})BC + B\bar{C}$$
$$= BC + B\bar{C} = B(C+\bar{C}) = B$$

【例 1.6】利用公式 $A+AB=A$，消去多余项。

$$F = A + \overline{\bar{B}+\overline{CD}} + \overline{ADB} = A + BCD + AD + B$$
$$= (A + AD) + (B + BCD)$$
$$= A + B$$

【例 1.7】利用公式 $A+\bar{A}B=A+B$，消去多余的变量。

$$F = A\bar{B} + C + \bar{A}CD + BCD$$
$$= A\bar{B} + C + \bar{C}(\bar{A}+B)D$$
$$= A\bar{B} + C + (\bar{A}+B)D$$
$$= A\bar{B} + C + \overline{A\bar{B}}D$$
$$= A\bar{B} + C + D$$

【例 1.8】利用公式 $AB+\bar{A}C+BC=AB+\bar{A}C$，消去多余的变量。

解：$F = ABC + \bar{A}D + \bar{C}D + BD$
$$= ABC + D(\bar{A}+\bar{C}) + BD$$
$$= ACB + \overline{AC}D + BD$$
$$= ACB + \overline{AC}D$$
$$= ABC + \bar{A}D + \bar{C}D$$

【例 1.9】化简逻辑函数 $F = ABC + \bar{B}C + ACD$。

解：$F = ABC + \bar{B}C + ACD$
$$= ABC(D+\bar{D}) + (A+\bar{A})\bar{B}C(D+\bar{D}) + A(B+\bar{B})CD$$
$$= ABC\bar{D} + ABCD + \bar{A}\bar{B}CD + \bar{A}\bar{B}C\bar{D} + A\bar{B}C\bar{D} + A\bar{B}CD + ABCD + A\bar{B}CD$$

$$=(\bar{A}\bar{B}C\bar{D}+\bar{A}\bar{B}CD+A\bar{B}C\bar{D}+A\bar{B}CD)+(A\bar{B}C\bar{D}+A\bar{B}CD+ABC\bar{D}+ABCD)$$

$$=\bar{B}C+AC$$

可见，公式法化简比较繁琐，一般工程上不采用这种方法，而是采用卡诺图法化简逻辑函数。

（2）卡诺图法化简

1）卡诺图简介。将 n 变量的全部最小项（或最大项）各用一个小方块表示，并使具有逻辑相邻的最小项（或最大项）在几何位置上相邻地排列起来，所得到的图形称为 n 变量最小项的卡诺图。因为这种表示方法是由美国工程师卡诺（Karnaugh）首先提出的，所以把这种图形称为卡诺图。显然，n 变量卡诺图的方格数为 2^n 个。

图 1-38 中给出了 2 ~4 变量最小项的卡诺图。图形两侧标注的 0 和 1 表示使对应小方格内最小项为 1 的变量取值。同时，这些 0 和 1 组成的二进制数所对应的十进制数也就是对应小方格的编号。

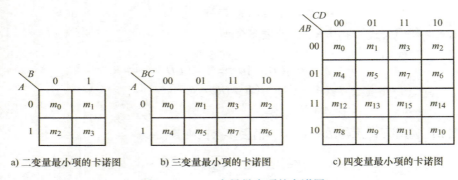

A \ B	0	1
0	m_0	m_1
1	m_2	m_3

a) 二变量最小项的卡诺图

A \ BC	00	01	11	10
0	m_0	m_1	m_3	m_2
1	m_4	m_5	m_7	m_6

b) 三变量最小项的卡诺图

AB \ CD	00	01	11	10
00	m_0	m_1	m_3	m_2
01	m_4	m_5	m_7	m_6
11	m_{12}	m_{13}	m_{15}	m_{14}
10	m_8	m_9	m_{11}	m_{10}

c) 四变量最小项的卡诺图

图 1-38　2 ~4 变量最小项的卡诺图

为了保证卡诺图中几何位置相邻的最小项在逻辑上也相邻，图形两侧标注的 0 和 1 数码就不能按照自然二进制数从小到大的顺序排列，而是采用格雷码的形式来排列。

2）运用卡诺图表示逻辑函数。与真值表一样，卡诺图也是一种表示逻辑函数的方法。因此，可以用卡诺图表示逻辑函数。具体的做法是：首先把逻辑函数化为最小项之和的形式，然后在卡诺图上与最小项对应的小方格中填入 1，而在其余的小方格里填入 0，这就得到了表示该逻辑函数的卡诺图。

【例 1.10】 用卡诺图表示逻辑函数 $F(A,B,C,D)=ABC+\bar{B}C+ACD$

解： 首先将 $F(A,B,C,D)$ 化为最小项之和的形式，即

$$F=ABC+\bar{B}C+ACD$$

$$=ABC(D+\bar{D})+(A+\bar{A})\bar{B}C(D+\bar{D})+A(B+\bar{B})CD$$

$$=ABC\bar{D}+ABCD+\bar{A}\bar{B}CD+\bar{A}\bar{B}C\bar{D}+A\bar{B}C\bar{D}+A\bar{B}CD$$

$$=m_2+m_3+m_{10}+m_{11}+m_{14}+m_{15}$$

画出表示该逻辑函数的卡诺图，如图 1-39 所示。

AB \ CD	00	01	11	10
00	0	0	1	1
01	0	0	0	0
11	0	0	1	1
10	0	0	1	1

图 1-39　例 1.10 的卡诺图

【例 1.11】 已知某逻辑函数的卡诺图如图 1-40 所示，试写出该逻辑函数的表达式。

解：因为函数 $F(A,B,C)$ 等于卡诺图中所有小方格为 1 的相应最小项之和，所以有

$$F(A,B,C)=\overline{A}BC+A\overline{B}C+ABC$$

A \ BC	00	01	11	10
0	0	0	1	0
1	0	1	1	0

图 1-40　例 1.11 的卡诺图

3）用卡诺图化简逻辑函数。利用卡诺图化简逻辑函数的基本原理是：具有相邻性（含几何相邻、逻辑相邻）的最小项合并，消去变量，如图 1-41 所示。

a) 两个最小项相邻　b) 两个最小项相邻　c) 4个最小项相邻

d) 4个最小项相邻　e) 8个最小项相邻

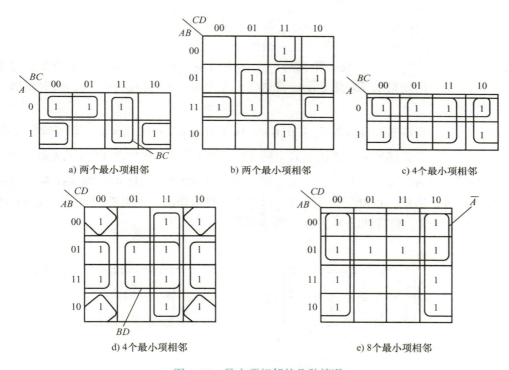

图 1-41　最小项相邻的几种情况

在图 1-41a、b 中画出了两个最小项相邻的几种情况。例如图 1-41a 中 $\overline{A}BC(m_3)$ 和 $ABC(m_7)$ 相邻，所以

$$\overline{A}BC+ABC=(\overline{A}+A)BC=BC$$

合并后将 A 和 $\overline{A}$ 一对因子消去，只剩下公共因子 B 和 C。

在图 1-41d 中，$\overline{A}B\overline{C}D(m_5)$、$\overline{A}BCD(m_7)$、$AB\overline{C}D(m_{13})$ 和 $ABCD(m_{15})$ 相邻，因此

$$\begin{aligned}\overline{A}B\overline{C}D+\overline{A}BCD+AB\overline{C}D+ABCD&=\overline{A}BD(C+\overline{C})+ABD(C+\overline{C})\\&=(A+\overline{A})BD=BD\end{aligned}$$

可见，合并后消去了两对因子 A 和 $\bar{A}$、C 和 $\bar{C}$，只剩下四个最小项的公共因子 B 和 D。

在图 1-41e 中，上面两行的 8 个最小项相邻，可以将它们合并为一项 $\bar{A}$，其他因子都被消去了。

通过上面的分析，可以归纳出合并最小项的一般规则：如果有 2^n 个最小项相邻（$n=1$, 2, …）并排列成一个矩形组，则可以将其合并为一项，消去 n 对因子。合并后的结果仅仅包含这些最小项的公共因子。

用卡诺图化简逻辑函数，可以按照以下步骤来进行：

① 画出逻辑函数的卡诺图。
② 合并相邻的最小项，即根据下述原则画圈。

其画圈的原则是：
- 所包围的最小项个数必须符合 2^n（$n=0$, 1, 2, …）。
- 每个包围圈应尽可能大，使化简后的乘积项所包含的因子数目最少。
- 每个包围圈中至少有一个最小项仅仅被圈过一次，否则会出现多余项。

③ 写出化简后的表达式。每一个圈写一个最简与项，规则是，取值为 1 的变量用原变量表示，取值为 0 的变量用反变量表示，将这些变量相与。然后将所有与项进行逻辑加，即得最简与或表达式。

【例 1.12】用卡诺图法将函数 $F(A,B,C) = A\bar{C} + \bar{A}C + \bar{B}C + B\bar{C}$ 化简成最简与或的形式。

解：首先画出逻辑函数的卡诺图。式中的 $A\bar{C}$ 一项包含了所有含有 $A\bar{C}$ 因子的最小项，而不管另一个因子是 B 还是 $\bar{B}$。从另一个角度说，也可以理解为 $A\bar{C}$ 是 $AB\bar{C}$ 和 $A\bar{B}\bar{C}$ 两个最小项相或合并的结果。因此，在填写卡诺图时，可以直接在卡诺图上所有对应 $A=1$、$C=0$ 的小方格内填入 1。这样，就得到图 1-42 所示的卡诺图。

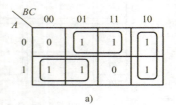 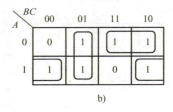

图 1-42　例 1.12 的卡诺图

然后找出可以合并的最小项，将可能合并的最小项用包围圈圈出，如图 1-42 所示，可见有两种可以合并的方案。根据图 1-42a 合并后得到

$$F(A,B,C) = A\bar{B} + \bar{A}C + B\bar{C}$$

根据图 1-42b 合并后得到

$$F(A,B,C) = A\bar{C} + \bar{B}C + \bar{A}B$$

两个化简结果都符合最简与或的标准。

此例说明，有时一个逻辑函数的化简结果不是唯一的。

【例 1.13】用卡诺图化简函数 $F(A,B,C,D) = \prod M(1,3,5,7)$。

解：首先画出函数 $F(A,B,C,D)$ 的卡诺图。该表达式为最大项"或与"表达式，先写成与或表达式，得到 $F(A,B,C,D) = \sum m(0,2,4,6,8,9,10,11,12,13,14,15)$

如图 1-43 所示，再把可能合并的最小项圈出，从而得到 $F(A,B,C,D) = A + \overline{D}$。

另外，需要说明的是，以上例子都是通过圈为 1 的小方格得到的化简结果。有时也可以通过圈为 0 的小方格进行化简，这样求得的是 $\overline{F}$，需要将 $\overline{F}$ 取反后得到 F。

4）带有无关项的函数的卡诺图化简。在逻辑函数中有时出现某些变量的组合对逻辑函数的结果不会产生影响，也可能输入变量的所有组合中有些变量的组合就不可能出现，这些变量组合对应的最小项称为无关项。一般无关项有约束项和任意项两种。

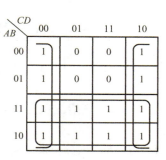

图 1-43　例 1.13 的卡诺图

前面讲到，用卡诺图化简逻辑函数时首先在卡诺图中对应的小方格里填入 1，其他位置上填入 0。既然无关项（可能是 1 也可能是 0）对逻辑函数的结果没有影响，所以在卡诺图中用 × 表示。在化简时，如果能合理利用这些无关项，根据卡诺图化简时画圈的原则，合理地将无关项作为 0 或 1 来处理，一般都可得到更加简单的化简结果。

【例 1.14】运用卡诺图化简逻辑函数 $F(A,B,C,D) = \overline{A}\,\overline{B}CD + \overline{A}BCD + \overline{A}B\,\overline{C}\,\overline{D}$，已知约束条件 $\overline{A}\,\overline{B}\,\overline{C}D + \overline{A}B\overline{C}D + AB\,\overline{C}\,\overline{D} + A\,\overline{B}\,\overline{C}D + ABCD + AB\overline{C}D + A\overline{B}CD = 0$。

解：根据已知条件，可以得到该逻辑函数的卡诺图，如图 1-44 所示。
从而可以得到

$$F(A,B,C,D) = \overline{A}D + A\overline{D}$$

【例 1.15】运用卡诺图化简逻辑函数 $F(A,B,C,D) = \sum m(5 \sim 9) + \sum m_d(10 \sim 15)$。

解：根据已知条件，可以得到该逻辑函数的卡诺图，如图 1-45 所示。

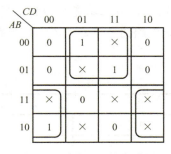

图 1-44　例 1.14 的卡诺图

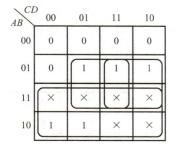

图 1-45　例 1.15 的卡诺图

从而可以得到

$$F(A,B,C,D) = BD + A + BC$$

3. 组合逻辑电路的分析

所谓逻辑电路的分析，就是找出给定逻辑电路输出和输入之间的逻辑关系，并确定电路的逻辑功能。通过分析，不仅能确定电路的逻辑功能，而且还可以发现原电路设计的不足之处，以便完善和改进设计。

需要说明的是，这里讲述的是由单元门电路构成的组合逻辑电路的分析。通常组合逻辑电路的分析步骤如下：

1）写出逻辑表达式。根据给定的逻辑电路，从输入端开始，逐级推导出输出端的逻辑函数表达式。

2）进行化简。用公式法或卡诺图法将函数表达式化简成最简表达式。

3）列真值表。

4）用文字概括出电路的逻辑功能。根据真值表总结归纳逻辑功能，写出简洁的文字说明。

【例1.16】试分析图1-46所示电路的逻辑功能。

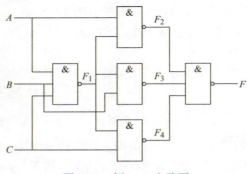

图1-46 例1.16电路图

解： 逻辑表达式为

$$F = \overline{F_2 F_3 F_4} = \overline{\overline{AF_1}\, \overline{BF_1}\, \overline{CF_1}} = AF_1 + BF_1 + CF_1 = A\overline{ABC} + B\overline{ABC} + C\overline{ABC}$$
$$= (\overline{A} + \overline{B} + \overline{C})(A + B + C)$$

根据逻辑表达式可以列出其真值表，如表1-25所示。逻辑功能归纳为：当三个输入全为0或全为1时，输出为0，否则输出为1，因此称该电路为三输入"不一致电路"，即当三个输入不一致时，输出为1。

表1-25 真值表

A	B	C	F
0	0	0	0
0	0	1	1
0	1	0	1
0	1	1	1
1	0	0	1
1	0	1	1
1	1	0	1
1	1	1	0

在某些可靠性要求特别高的系统中,往往采用几套设备同时工作,一旦运行结果不一致时,便由"不一致电路"发出报警信号,通知操作人员排除故障,以确保系统的可靠性。

在任务 1.2.2 中,由于图 1-35 中电路比较简单,我们可以直接写出:

$$S = A \oplus B$$
$$C_o = \overline{\overline{AB}} = AB$$

列出功能真值表,如表 1-26 所示。

表 1-26 真值表

A	B	C_o	S
0	0	0	0
0	1	0	1
1	0	0	1
1	1	1	0

从表中可以看出:这是一个两位二进制加法电路,只考虑两个 1 位二进制数相加,而不考虑来自低位进位数的运算电路,也称为半加器电路。用逻辑符号表示如图 1-47 所示。

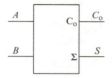

图 1-47 半加器逻辑符号

任务 1.3 二进制加法计算器的设计

项目任务单如下:

项目名称			项目 1 加法器的设计与制作
任务编号	1.3	任务名称	二进制加法计算器的设计
任务内容	\multicolumn{3}{l	}{1. 使用数字电路综合实训箱设计、搭建电路,完成如下工作 (1)全加器电路的设计 (2)简单加法计算器电路的设计(一):两位二进制数与一位二进制数相加的加法计算器电路的设计 (3)简单加法计算器电路的设计(二):两个两位二进制数相加的加法计算器电路的设计 步骤:按设计要求分析加法器电路的功能真值表、完成原理图设计、元器件选型、电路装接与调试、电路逻辑功能检测,撰写设计报告}
任务实施准备	\multicolumn{3}{l	}{综合实训箱;数字万用表;74LS00、74LS86 等芯片;各类电阻、发光二极管}

（续）

任务要求与考核标准	1. 总体方案选择：根据设计任务要求及性能指标，选择合适的设计方案，画出电路的总体方案原理图 2. 元器件的选择：根据设计任务要求及性能指标，选择合适的元器件，列出所用的元器件 3. 电路的连接与调试：能查阅手册正确使用集成电路进行电路的连接和调试，并能正确使用仪器进行电路的检测及电路故障的处理 4. 小组汇报和展示：小组汇报条理清晰，设计的作品能实现设计功能 5. 设计报告：能规范撰写设计报告

一、数制与码制

通常数可用两种不同的方法表示：一是按"值"表示，即在选定的进位制中表示出这一数对应的值，称为进位制数；二是按"形"表示，即按照一定的编码方法，表示出这一数特定的形式，称为编码制数。数的两种表示方法涉及数制和码制。

1. 数制

数制是进位计数制的简称，它是多位数码中每位数码的构成方法及低位到高位的进位规则。数字系统中常见的数制包括十进制、二进制、八进制和十六进制。进位制数中涉及"基数"和"位权"两个重要的概念。N进制数中，其基数为N，也即其所有数码个数，它等于该进位制中的最大数码值加1，在N进制数中，位的单位称为位权。

（1）十进制

十进制共有十个数码$0\sim9$。其计数规则是以"十"为基数，每计满十就向高位进一。例如，255代表2×10^2、5×10^1、5×10^0相加的结果，其中10^2、10^1和10^0称为各位的"权"。十进制数下标用"D"或"10"来表示，由于十进制是日常使用最普遍的进制数，所以下标经常会忽略不写。一般而言，对于有n位整数和m位小数的十进制数$(N)_{10}$按位权展开可以记为

$$(N)_{10} = a_{n-1}\times10^{n-1} + a_{n-2}\times10^{n-2} + \cdots + a_1\times10^1 + a_0\times10^0 + a_{-1}\times10^{-1} + a_{-2}\times10^{-2} + \cdots + a_{-m}\times10^{-m}$$

（其中m和n为整数，$0\leqslant a_i\leqslant9$，a_i为第i位数码）

简记为
$$(N)_{10} = \sum_{i=-m}^{n-1} a_i\times10^i$$

（2）二进制

二进制计数与十进制计数相似，但数码只有0和1。它的计数规则是以二为基数，逢二进一，二进制数下标用"B"或"2"来表示。因此不难得到，对于任意一个二进制数$(N)_2$都有

$$(N)_2 = (a_{n-1}a_{n-2}\cdots a_1a_0 \cdot a_{-1}a_{-2}\cdots a_{-m})_2 = a_{n-1}\times2^{n-1} + a_{n-2}\times2^{n-2} + \cdots + a_1\times2^1 + a_0\times2^0 + a_{-1}\times2^{-1} + a_{-2}\times2^{-2} + \cdots + a_{-m}\times2^{-m}$$

$$= \sum_{i=-m}^{n-1} a_i\times2^i$$

式中，m 和 n 为整数；a_i 取 0 或者 1。

将二进制数转换成十进制数，只需按权展开式并计算出结果即可。例如 $(1101.11)_2$，其按权展开式如下：

$$(1101.11)_2 = 1 \times 2^3 + 1 \times 2^2 + 0 \times 2^1 + 1 \times 2^0 + 1 \times 2^{-1} + 1 \times 2^{-2} = (13.75)_{10}$$

二进制数不仅数码少，而且运算规则简单。其加法运算规则是 $0+0=0$，$0+1=1$，$1+1=10$。其乘法运算规则是：$0 \times 0 = 0$，$0 \times 1 = 0$，$1 \times 1 = 1$。数码 0 和 1 可以用只有两个状态的器件表示，如开关的通和断、晶体管的导通和截止等。由于运算电路和控制电路都很简单，所以在数字电子技术中普遍采用二进制数。但是当二进制数的位数比较多时，书写起来不方便，并且不符合人们的计数习惯。为此，人们常使用八进制数和十六进制数。

（3）八进制

八进制基数为 8，每位可使用 0~7 八个数码，遵循"逢八进一"的进位规律，八进制数下标用"O"或者"8"来表示。

（4）十六进制

十六进制基数为 16，数码包括 0~9、A、B、C、D、E、F 共 16 个，其中，英文字母 A~F 依次对应十进制数 10~15，遵循"逢十六进一"的进位规律，十六进制数下标用"H"或者"16"来表示。

2. 不同进制之间的转换

1）各种数制转换成十进制数：按位权展开求和。

2）十进制数转换成二进制数：整数部分采用除 2 取余法，其余数按逆序排列；小数部分采用乘 2 取整法，其整数按顺序排列，最后将两部分合起来即可。

参照以上方法可将十进制数转换为八进制和十六进制数。另一种方法是先把十进制数转化为二进制数，再转换为八进制数或十六进制数。

【例 1.17】将十进制数 $(26.375)_{10}$ 转换成二进制数。

解：

2	26	余数
2	13	0
2	6	1
2	3	0
2	1	1
	0	1

```
 0.375
×  2
─────
 0.750   0
×  2
─────
 1.500   1
×  2
─────
 1.000   1
```

可得　　　　　　　　　　$(26.375)_{10} = (11010.011)_2$

3）二进制数转换成八进制数/十六进制数：以小数点为界，二进制数整数部分从低位开始向左，小数从高位开始向右，每 3 位/4 位分成一组，特别注意整数部分不足 3 位/4 位要在高位用 0 补齐，小数部分不足 3 位/4 位要在末位用 0 补齐，然后将每组的 3 位/4 位二进制数转换为 1 位八进制数/十六进制数。

4）八进制数/十六进制数转换为二进制数，只需把每个八进制数/十六进制数用 3 位/4 位二进制数表示即可。

【例 1.18】 将二进制数 11110001000.1011 转换为八进制数。

解：$(11110001000.1011)_2 \rightarrow (11\ 110\ 001\ 000.101\ 100)_2 \rightarrow (3\ 6\ 1\ 0.5\ 4)_8$

八进制数转化为二进制数与上述过程相反。

5）八进制数与十六进制数互转：先把八进制/十六进制数转换成二进制数，然后再将二进制数转换成十六进制/八进制数。

表 1-27 列出了十进制数 $(0)_{10} \sim (15)_{10}$ 与二进制数、八进制数和十六进制数的对应关系。

表 1-27　十进制、二进制、八进制、十六进制数对照表

$(N)_{10}$	$(N)_2$	$(N)_8$	$(N)_{16}$	$(N)_{10}$	$(N)_2$	$(N)_8$	$(N)_{16}$
0	0000	0	0	8	1000	10	8
1	0001	1	1	9	1001	11	9
2	0010	2	2	10	1010	12	A
3	0011	3	3	11	1011	13	B
4	0100	4	4	12	1100	14	C
5	0101	5	5	13	1101	15	D
6	0110	6	6	14	1110	16	E
7	0111	7	7	15	1111	17	F

3. 编码

在数字系统中，无论是数符或是文字都是以二进制数的形式来描述的，这样的二进制数称为代码。赋予二进制数特定含义的过程称为编码。用二进制代码表示十进制数编码称为二-十进制码，即 BCD（Binary Coded Decimal）码。常用的 BCD 码如表 1-28 所示。其中，8421BCD 码是目前各种数字系统中使用最为广泛的一种 BCD 码。这种编码取 4 位二进制码的前十种状态（0000~1001）依次代表它所对应的十进制数码 0~9，严格遵从纯二进制数的自然加权值，即 2^3、2^2、2^1、2^0。显然，这种编码方法要表示一个 n 位的十进制数，就需要 n 位 8421BCD 码来表示。

表 1-28　常用 BCD 码

十进制数	有权码			无权码	
	8421	5421	2421	格雷码	余 3 码
0	0000	0000	0000	0000	0011
1	0001	0001	0001	0001	0100
2	0010	0010	0010	0011	0101
3	0011	0011	0011	0010	0110
4	0100	0100	0100	0110	0111
5	0101	1000	1011	0111	1000
6	0110	1001	1100	0101	1001
7	0111	1010	1101	0100	1010
8	1000	1011	1110	1100	1011
9	1001	1111	1111	1101	1100

表1-28中所列无权码中，余3码是由8421BCD码加3（0011）而得到的，并因此得名。它也是一种自补码，适于在运算电路中应用。格雷码（Gray Code）的特点是两个相邻码之间只有一位不同。当按顺序对数码进行排列时，相邻数码只有一位发生变化，可以降低误码率。

【例1.19】 写出$(63.25)_{10}$的8421BCD码。

解：因为

$$\begin{matrix} 6 & 3 & . & 2 & 5 \\ 0110 & 0011 & & 0010 & 0101 \end{matrix}$$

所以 $(63.25)_{10} = (01100011.00100101)_{8421BCD}$

二、组合逻辑电路的设计

组合逻辑电路设计也称组合逻辑电路综合，它是组合逻辑电路分析的逆过程，即根据给定逻辑功能的文字描述或者逻辑功能的其他描述方式，在特定条件下，用最简逻辑电路来实现给定逻辑功能的方案，并画出逻辑图。

工程上的最佳设计，通常需要用多个指标去衡量，主要考虑的问题有以下几个方面：

1）所用的逻辑器件数目最少，器件的种类最少，且器件之间的连线最少，这样的电路称为"最小化"电路。

2）满足速度要求，应使级数最少，以减少门电路的延迟。

3）功耗小，工作稳定可靠。

组合逻辑电路的设计一般可按以下步骤进行：

1）根据设计要求，确定输入变量、输出变量的个数，并对它们进行逻辑赋值（即确定0和1代表的含义）。

2）根据真值表，写出相应的逻辑函数表达式。

3）将逻辑函数表达式化简，并变换为与门电路相对应的最简式。

4）根据化简的逻辑函数表达式画出逻辑电路图。

5）工艺设计，包括设计机箱、面板、电源、显示电路、控制开关等。最后还必须完成组装、测试。

图1-48给出了组合逻辑电路设计的一般过程。

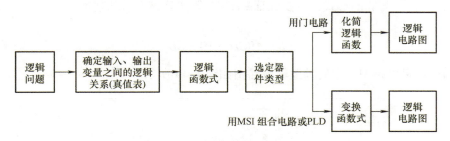

图1-48　组合逻辑电路的设计过程

【设计案例1】：4位密码锁电路的设计。

用74LS00设计一个密码锁电路，输入为4位二进制数，输出密码设定为1111，当密码正确时，输出为高电平，不正确时输出为低电平。要求：完成原理图设计、元器件选型、电路装接与调试、电路逻辑功能检测、设计文档编写。

设计步骤如下：

1）确定输入变量、输出变量之间的逻辑关系。假设 4 位密码锁的输入为 A、B、C、D，密码输出用 F 表示，并且密码输入正确时 F 为 1，否则为 0。由此可以列出表 1-29 所示的真值表。

表 1-29　真值表

A	B	C	D	F
0	0	0	0	0
0	0	0	1	0
0	0	1	0	0
0	0	1	1	0
0	1	0	0	0
0	1	0	1	0
0	1	1	0	0
0	1	1	1	0
1	0	0	0	0
1	0	0	1	0
1	0	1	0	0
1	0	1	1	0
1	1	0	0	0
1	1	0	1	0
1	1	1	0	0
1	1	1	1	1

2）确定逻辑函数表达式。根据真值表 1-29，不难得到 $F=ABCD$。

3）根据器件要求，变换逻辑函数表达式。由于所用器件为 74LS00，所以必须将 $F=ABCD$ 变换为与非-与非的形式，并要保证 74LS00 能实现该函数的功能：

$$F = ABCD = \overline{\overline{AB} \cdot \overline{CD}}$$

4）画出逻辑电路图。密码锁逻辑电路图如图 1-49 所示。

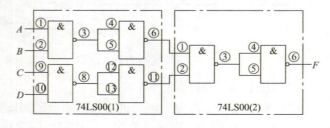

图 1-49　密码锁逻辑电路图

5）电路装接与调试（略）。

6）电路逻辑功能检测（略）。

7）设计文档的撰写（略）。

注意：由于要用六个与非门，而一个 74LS00 只有四个与非门，因此这里需要两个 74LS00。在装接与调试过程中，两个 74LS00 的 14 脚必须都接 5V，7 脚都接地。

【设计案例 2】：三人表决电路的设计。

设计一表决电路，有 3 人参加提案表决，3 个人中至少有两个人同意，提案才会通过，否则提案不通过，使用器件为 74LS00。要求：完成原理图设计、元器件选型、电路装接与调试、电路逻辑功能检测、设计文档编写。

设计步骤如下：

1）确定输入变量、输出变量之间的逻辑关系。假设三个表决人为 A、B、C，同意为 1，不同意为 0，表决结果输出用 F 表示，提案通过 F 为 1，不通过为 0。由此可以列出表 1-30 所示的真值表。

表 1-30 真值表

A	B	C	F
0	0	0	0
0	0	1	0
0	1	0	0
0	1	1	1
1	0	0	0
1	0	1	1
1	1	0	1
1	1	1	1

2）确定逻辑函数表达式。根据真值表 1-30，不难得到

$$F = AB + BC + AC + ABC = AB + BC + AC$$

3）根据器件要求，变换逻辑函数表达式。由于所用器件为 74LS00，所以必须将表达式变换为与非-与非的形式，并要保证 74LS00 能实现该函数的功能：

$$F = AB + BC + AC = \overline{\overline{AB} \cdot \overline{BC} \cdot \overline{AC}}$$

4）画出逻辑电路图。三人表决电路图如图 1-50 所示。

5）电路装接与调试（略）。

6）电路逻辑功能检测（略）。

7）设计文档的撰写（略）。

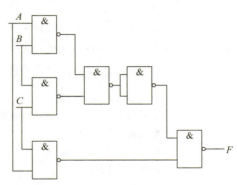

图 1-50 三人表决电路图

注意：由于要用六个与非门，而一个 74LS00 只有四个与非门，因此这里也需要两个 74LS00。

任务 1.3.1　全加器电路的设计

任务编号	SJ1-1
任务名称	全加器电路的设计
任务要求	完成原理图设计、元器件选型、电路装接与调试、电路逻辑功能检测、设计文档编写
电路功能及器件要求	设计一全加器电路。全加器电路的功能真值表如表 1-31 所示 **表 1-31　功能真值表** | A	B	C_{i-1}	C_o	S
---	---	---	---	---
0	0	0	0	0
0	0	1	0	1
0	1	0	0	1
0	1	1	1	0
1	0	0	0	1
1	0	1	1	0
1	1	0	1	0
1	1	1	1	1	 所用器件为集成电路 74LS00 及 74LS86
设计步骤	1. 根据功能真值表列出逻辑表达式 $$C_o = \overline{A}BC + A\overline{B}C + AB\overline{C} + ABC$$ $$S = \overline{A}\,\overline{B}C + \overline{A}B\overline{C} + A\overline{B}\,\overline{C} + ABC$$ 2. 根据题意要求：用异或门和与非门电路实现，所以将上式的逻辑表达式转换为异或和与非的形式 $$S = C(\overline{A}\,\overline{B} + AB) + \overline{C}(A\overline{B} + \overline{A}B) = C(\overline{A \oplus B}) + \overline{C}(A \oplus B) = A \oplus B \oplus C$$ $$C_o = \overline{A}BC + A\overline{B}C + AB\overline{C} + ABC$$ $$= C(A \oplus B) + AB = \overline{\overline{C(A \oplus B)} + AB}$$ $$= \overline{\overline{C(A \oplus B)} \cdot \overline{AB}}$$ 3. 根据逻辑表达式，画出全加器逻辑电路图，如图 1-51 所示 4. 电路的装接与调试（略） 5. 电路逻辑功能检测（略） 6. 撰写设计报告（略）

(续)

设计步骤	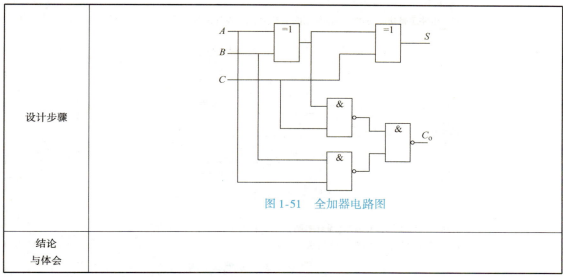 图 1-51　全加器电路图
结论 与体会	

在数字系统中，经常需要进行算术运算、逻辑操作及数字大小比较等操作，实现这些运算功能的电路是加法器，加法器是一种组合逻辑电路，主要功能是实现二进制数的算术加法运算。加法器有半加器和全加器之分。

半加器：只考虑两个1位二进制数相加，而不考虑来自低位进位数的运算电路，称为半加器，其逻辑符号如图1-47所示。

全加器：不仅考虑两个1位二进制数相加，而且还考虑来自低位进位数相加的运算电路，称为全加器，其逻辑符号如图1-52所示。1位全加器可实现1位二进制数相加，如进行多位二进制数相加，则需将多个全加器级联组成多位加法器。

实现多位加法运算的电路称为加法器。

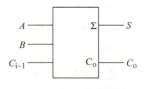

图 1-52　全加器逻辑符号

任务1.3.2　简单加法计算器电路的设计（一）

任务编号	SJ1 – 2
任务名称	简单加法计算器电路的设计（一）
任务要求	完成原理图设计、元器件选型、电路装接与调试、电路逻辑功能检测、设计文档编写
电路功能及 器件要求	1. 电路能实现：两个二进制数相加，其中加数为两位二进制数，被加数为一位二进制数，最终输出以8421BCD码的形式显示 2. 所用器件为集成电路74LS00及74LS86

（续）

设计步骤	根据电路逻辑功能要求，可以得到图1-53所示的设计思路 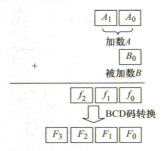 图1-53　两个二进制数相加设计思想示意图 方法一：可按任务1.3.3【设计案例】方法设计 1. 列功能真值表，如表1-32所示 表1-32　功能真值表 | 二进制数 A		二进制数 B	二进制数相加结果			BCD 结果			
A_1	A_0	B_0	f_2	f_1	f_0	F_3	F_2	F_1	F_0
0	0	0	0	0	0	0	0	0	0
0	0	1	0	0	1	0	0	0	1
0	1	0	0	0	1	0	0	0	1
0	1	1	0	1	0	0	0	1	0
1	0	0	0	1	0	0	0	1	0
1	0	1	0	1	1	0	0	1	1
1	1	0	0	1	1	0	0	1	1
1	1	1	1	0	0	0	1	0	0 | 2. 确定逻辑函数表达式，并进行变换 $$F_0 = \sum m(1,2,5,6) = \overline{A_0}B_0 + A_0\overline{B_0} = A_0 \oplus B_0$$ $$F_1 = \sum m(3,4,5,6) = A_1\overline{A_0} + A_1\overline{B_0} + \overline{A_1}A_0B_0$$ $$= A_1 \oplus \overline{A_0 B_0}$$ $$F_2 = m_7 = A_1 A_0 B_0 = \overline{\overline{\overline{A_1 A_0 B_0}}}$$ $$F_3 = 0$$ 3. 画出逻辑电路图，如图1-54所示 4. 电路的装接与调试（略） 5. 电路逻辑功能检测（略） 6. 撰写设计报告（略） 方法二：也可利用两个半加器电路来设计，如图1-55所示
---	---

设计步骤	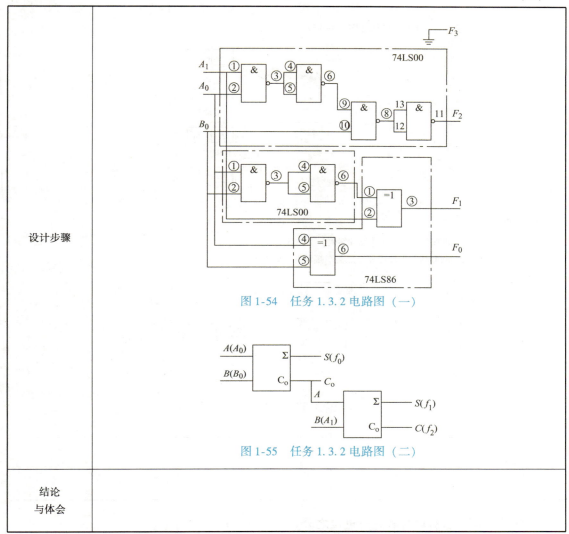 图 1-54 任务 1.3.2 电路图（一） 图 1-55 任务 1.3.2 电路图（二）
结论与体会	

任务 1.3.3　简单加法计算器电路的设计（二）

任务编号	SJ1－3
任务名称	简单加法计算器电路的设计（二）
任务要求	完成原理图设计、元器件选型、电路装接与调试、电路逻辑功能检测、设计文档编写
电路功能及器件要求	1. 电路能实现：两个二进制数相加，其中加数为两位二进制数，被加数为两位二进制数，最终输出以十进制数的形式显示 2. 所用器件为集成电路 74LS00 及 74LS86

设计步骤	提示：设计思想示意图如图1-56所示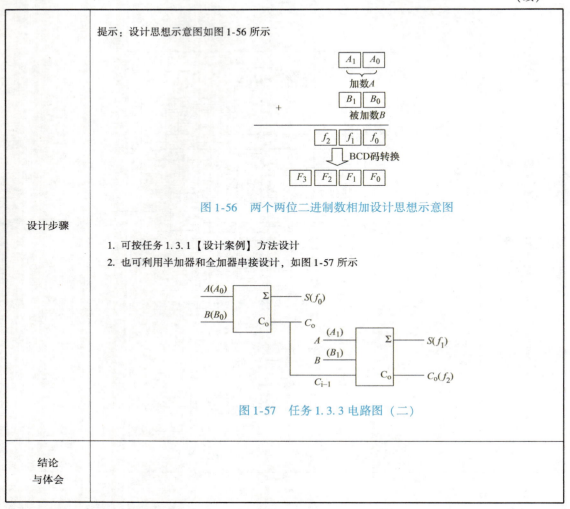 图1-56　两个两位二进制数相加设计思想示意图 1. 可按任务1.3.1【设计案例】方法设计 2. 也可利用半加器和全加器串接设计，如图1-57所示 图1-57　任务1.3.3电路图（二）
结论与体会	

加法器进位方法有串行和并行进位之分。

1）串行进位：低位全加器输出的进位信号依次加到相邻高位全加器的进位输入端，最低位的进位输入端接地。

显然，每一位的相加结果必须等到低一位的进位信号产生后才能建立起来。

主要优点：电路比较简单。

主要缺点：运算速度比较慢。

2）并行进位：每位的进位由最低位同时产生。

主要优点：运算速度比较快。

主要缺点：电路结构比较复杂。

目前已有 N 位加法器半成品、成品器件，只需在接线方面做些改动就能实现串行加法或并行加法。

【知识拓展】

一、组合逻辑电路中的竞争—冒险现象

前面我们讨论组合逻辑电路分析、设计问题都是在理想条件下进行的,即假定电路中的导线及门电路都没有延迟时间。在这样的前提下,围绕降低电路成本逐步加深对设计方法的理解。实际上,信号的变化有一定的过渡时间,信号通过导线及门电路也存在一定的响应时间。这样自然会产生一个新的问题:我们在理想条件下设计出来的成本最低的电路,在实际使用中是否能可靠地工作,换而言之,还应该从可靠性方面进一步完善设计方案。

1. 有关冒险的概念

实际的组合逻辑电路输入信号端,当有几个变量发生变化时,由于这几个变量变化的快慢不同,传递列电路中某一点必然有时差,这种时差现象称为竞争,因为这种竞争是由函数真值表给出的逻辑功能所固有的,故称功能竞争。竞争也称为冒险,上述冒险是由逻辑功能导致的,故称为功能冒险。组合逻辑电路中,单一输入变量发生变化时,由于它在电路中经过的路径不同,到达电路某一点时也会产生时差,这种时差一般是由逻辑器件的时延造成的,由这种时差引起的竞争称为逻辑竞争或逻辑冒险。由于实际逻辑器件总是存在着过渡过程,因此,逻辑电路中存在逻辑冒险是很自然的。

下面以图 1-58a 所示的两级电路为例来说明冒险的表现形式。

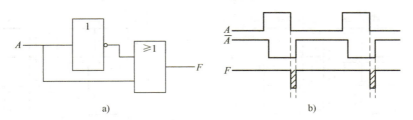

图 1-58　组合逻辑电路中的竞争–冒险现象

当电路稳定时,输出 $F = A + \overline{A} = 1$。而当输入一个脉冲信号时,由于非门存在传输延迟时间,出现了图 1-58b 所示的输出信号,这种情况就称为冒险。同时我们把这种本来应该出现 1 的反而出现了 0 的情况称为"0"型冒险;另外,把本来应该出现 0 的反而出现了 1 的情况称为"1"型冒险。

2. 组合逻辑电路竞争–冒险的判断

在设计好一个电路以后,为避免可能存在的竞争和冒险现象影响到所设计电路的逻辑功能,很有必要判断所设计的电路是否存在竞争和冒险现象。具体判断的方法有以下几种:

(1) 代数法

在逻辑函数表达式中,若同时出现一个变量的原变量和反变量两种形式,就具备了产生

竞争的条件。把其他的变量去掉，如果表达式为 $F = A + \bar{A}$，就会产生"0"型冒险；如果表达式为 $F = A \cdot \bar{A}$，就会产生"1"型冒险。

【例 1.20】 试判断逻辑函数 $F = AC + \bar{A}B + \bar{A}\,\bar{C}$ 是否存在竞争-冒险现象。

解：因为当 $B = 0$，$C = 0$ 时，$F = \bar{A}$；当 $B = 0$，$C = 1$ 时，$F = A$；当 $B = 1$，$C = 0$ 时，$F = \bar{A}$；当 $B = 1$，$C = 1$ 时，$F = A + \bar{A}$。

所以当 $B = 1$，$C = 1$ 时，将产生"0"型冒险。

（2）卡诺图法

利用卡诺图进行判断的规则是：观察卡诺图中是否有两个包围圈相切但不相交，如果有则存在竞争-冒险现象。

【例 1.21】 试判断逻辑函数 $F(A,B,C,D) = \sum m(3,4,5,7,9,13,14,15)$ 是否存在竞争-冒险现象。

解：将函数填入卡诺图中，如图 1-59 所示。
可见该函数存在竞争-冒险现象。

3. 组合逻辑电路竞争-冒险的消除

（1）增加多余项

在产生冒险现象的逻辑函数表达式上加上多余项，使之不出现"1"型冒险（如 $C \cdot \bar{C}$）或"0"型冒险（如 $C + \bar{C}$）。

【例 1.22】 试消除例 1.21 的冒险现象。

解：在图 1-59 中多加一个包围圈，即如图 1-60 所示，增加一项 BD。

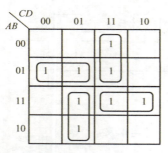

图 1-59　例 1.21 的卡诺图

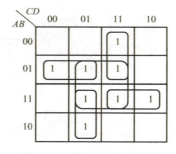

图 1-60　例 1.22 的卡诺图

（2）选通法

可以在电路上的一个输入端加上一个选通信号，当输入信号变化时，输出端与电路断开；当输入稳定后，另一个输入信号才开始工作，使输出信号有效，避免了竞争的发生。

（3）滤波法

从实际竞争-冒险的波形上可以看出，其输出的波形宽度非常窄，可以利用电容充放电的特点，在输出端加上一个小电容来过滤掉其尖脉冲。

二、数字电路故障的检测和排除

一个数字电路通常由多个模块组成，连线较为复杂。因此，数字电路故障的检测一般都很复杂，不但要求具备对正常电路或系统的分析和评价能力，而且还需深刻了解电路故障的症状及查找检测和修复故障的理论与方法。随着数字系统的复杂性和规模的不断增大，仅靠自身积累的经验已显得越来越难"驾驭"各种故障。这就需要有一套排除数字系统故障的科学方法与策略。

（一）产生故障的主要原因

数字系统的故障是指一个或多个电子元器件损坏、接触不良、导线断裂与短路、虚焊等原因造成功能错误的现象。对于组合逻辑电路，如果不能按真值表的要求工作，就可以认为电路有故障。对于时序逻辑电路，如果不能按状态转换表工作，就认为存在故障。产生故障的主要原因有以下几种：

1. 设计错误引发的故障

"设计错误"并不是电路逻辑设计错误，而是指所选用的元器件不合适，或电路中各元器件在时间配合上有错误。在设计数字系统时，忽视电子元器件的参数和工作条件引起的故障是常见的，如电源电压的过高或过低，轻则造成功能错误，重则造成电子元器件的损坏；未考虑不同类型集成电路之间的电平配合；电路动作边沿选择的错误；未考虑门电路的带负载能力、过载引发电路逻辑功能错误；未考虑信号传输延迟时间，电路存在"竞争冒险"，引发误动作等都会造成故障。

此外，大功率器件、电解电容、集成电路芯片等质量不好，造成的故障也不在少数。为了减少这类故障，应选用质量好的电子元器件，使用前应严格筛选并进行优化，在电路中降额（降低额定值）使用。

2. 布线不当引发的故障

在安装中断线、桥接（相近导线连在一起造成的短路）、漏线、插错电子元器件（特别是集成电路芯片的方向容易插错）、多余输入端处理不当（如 CMOS 集成电路多余输入端悬空）等，都会造成电路故障。

3. 接触不良

接触不良也是常见的、容易发生的故障，如接插件的松动、焊接不良（如虚焊）、接点氧化等。这类故障的表现为时有时无，带有一定的偶发性。减少这类故障的办法是选用质量好的接插件，从工艺上保证焊点质量。

4. 工作环境恶劣

很多数字设备都有规定的使用条件和环境要求。如温度、湿度、工作时间等环境条件不符合规定要求时，也很难保证设备能正常工作。此外，如使用环境的电磁干扰超过允许范围，将数字信号传输线和强干扰源线捆扎在一起而又没有采取任何防范措施时，也会造成数字电路不能正常工作。

5. 超期使用

任何数字电路都有一定的使用期限，如果超期使用，很多元器件都会进入衰老期，故障必然会增加，技术性能也会下降。但只要注意维护、及时更换零部件和电子元器件等，就可以减少故障，延长设备的使用期限。

（二）常见的故障类型

1. 永久故障

这类故障一旦产生，就会永久保持下去。只有在人为修复后，故障才能消除。绝大多数静态故障都属于这一类。

（1）固定电平故障

这是一种常见故障。它是由于错接而使电路中某一处的逻辑电平保持为固定值时产生的故障，称为固定电平故障。例如接地故障，这时故障点的逻辑电平固定在"0"上；又如电路的某一点和电源短路，这时故障点的电平固定在"1"上。这一类故障在没有排除之前，故障点的逻辑电平不会恢复到正常值。

当只考虑固定电平故障，且同一时间只考虑一个固定电平故障时，称其为单固定电平故障。而在数字电路中同时出现几个固定电平故障，是一个更普遍的现象，但它的故障测试技术至今仍没有较理想的方法，所以现在仍以单故障为基础进行故障的测试。

（2）桥接故障

桥接故障是由两根或多根信号线相互短路造成的，主要有两种类型：一种为输入信号线之间桥接造成的故障，如异或门两条输入信号线的桥接会造成失去异或功能；另一种为反馈桥接造成的故障，如输入线和输出线间的桥接、两个独立电路的输入线间桥接或两个独立电路的输出线间桥接等造成的故障。这类故障的检查比固定电平故障困难，但只要细心，这类故障也是不难寻找的。

2. 间歇故障

这类故障具有偶发性的特点。在出现故障的瞬间会造成功能错误，故障消失后，电路工作又恢复正常，它的表现形式为故障时有时无。如竞争—冒险现象产生的故障、电子元器件的衰老、特性的变化、电磁信号的干扰等都会造成间歇性的故障。这类故障的检查是十分困难的。

（三）查找故障的常用方法

查找故障的目的是，确定产生故障的原因和部位，以便及时排除，使设备恢复正常工作。查找故障通常用以下方法。

1. 直观检查法

这是一种常规检查。是指不采用任何仪器设备，也不改动电路接线，直接观察电路表面来发现问题、寻找故障的方法。

1）静态观察：应仔细观察电路有没有被腐蚀、破损；电源熔断器是否烧断；电源是否接入电路；导线有无断线或短路；电子元器件有无变色或脱落，器件是否插对，引脚有无弯折、互碰；接插件有无松动、电解电容有无漏液、焊点有无脱落；多余输入端处理是否正确；布线是否合理、是否有相碰短路现象。

2）通电后观察：仔细观察有无异常现象。如电源是否短路；器件是否因电流过大而产生发烫、异味或冒烟情况；脉冲是否加入电路。此法适用于对故障进行初步检查，一般明显的故障可以用此法发现。

3）用仪表测试电路逻辑功能是否正常，并将检查的结果做详细记录，以供分析故障时使用。

2. 分割测试法

一个数字系统通常由多个子系统或模块组成，一旦发生故障往往很难查找。因此应将整个电路按电路结构或实现功能分割成若干相对独立的电路，根据故障现象和检测结果进行分析、判断，将怀疑出故障的子系统或模块单独进行检查。如输入信号和控制信号都正常，而输出信号不正常时，则故障就出在该子系统或模块内，然后再对该子系统或模块内的故障进行检查。此法用于快速确定故障范围，缩短查找故障的时间。

3. 顺序检查法

（1）由输入级向输出级逐级检查

采用这个方法检查通常需在输入端加入信号，而后沿着信号的流向逐级向输出级进行检测，直到发现故障为止。

（2）由输出级逐级向输入级检查

当发现输出信号不正常时，这时应从输出级开始逐级向输入级进行检测，直到检测出有正常信号的一级为止，则故障便出在信号由正常变为不正常的一级。

4. 对比法

这是查寻故障的常用方法。当怀疑某一部分电路有故障时，可通过测量故障电路各点电压波形、电流、电压等参数信号，与正常电路逐项比较，从而较快找到电路中不正常的信号，分析出故障原因并判断出故障点。

5. 替代法

有时故障比较隐蔽，如集成器件性能下降，用测量逻辑电平或波形的方法很难找出故障点，则可采用替代法来查找故障。当怀疑数字系统某一插件板的电路或元器件有故障时，则可用完全相同的电路插件板或元器件进行替换使用，以判断被替换的电路插件板或元器件是否有故障，从而达到排除故障的目的。若替换后故障消除了，则说明原来的电路插件板或元器件有故障。应用此法时，注意一定要在断电情况下才能拔插更换元器件。采用替代法的优点是方便易行，在查找故障的同时，故障也排除了。它的缺点是替换上的电路插件板或元器件有可能被损坏，因此使用替代法时应慎重，只有在判断原电路插件板和元器件确有故障或插件板元器件替换后不会损坏时才可使用此法。

6. 电阻测试法

当电路通电后有明显异常现象，如器件冒烟发烫有糊味等，为避免故障进一步扩散，必须尽快切断电源，可采用电阻测试法检查器件输出端与电源是否有短路现象。此法还可用来检查电路连线、底板内部是否有断路、接触不良等故障。

7. 波形观察法

用示波器检查电路各级输入、输出波形是否正常，是检修波形变换电路、脉冲电路的常用方法。这种方法对于发现寄生振荡、外界干扰及噪声等引起的故障，具有独到之处。

知 识 小 结

- 二进制数只有两个数码：0、1。其进位规则是逢二进一。用4位二进制数码表示1位十进制数码的码制称为 BCD 码（Binary Coded Decimal），8421BCD 码就是指这4位二进制数码由高位向低位的权依次为 8、4、2、1。

- 数字系统中0和1表示两个对立的逻辑状态。在正逻辑系统中，逻辑电平0和1表示的低电平和高电平都有一定的变化范围，而不是指某个具体的、固定的低电平值或高电平值。

- 逻辑代数的基本运算有与、或、非，与运算的逻辑功能是有0出0，全1出1；或运算的逻辑功能是有1出1，全0出0；非运算的逻辑功能是有1出0，有0出1。

- 常见的复合逻辑运算有与非、或非、异或、同或等，与非运算的逻辑功能是有0出1，全1出0；或非运算的逻辑功能是有1出0，全0出1；异或运算的逻辑功能是输入状态不同时输出为1，输入状态相同时输出为0；同或运算的逻辑功能是输入状态不同时输出为0，输入状态相同时输出为1。

- 普通的 TTL 门电路输出端不能并联，而 OC 门可在输出端实现线与的逻辑功能，还可以驱动需要一定功能的负载。三态输出门可构成总线结构，也可构成双向总线。

- 组合逻辑电路的特点是任何时刻的输出仅取决于该时刻输入状态，而与电路前一时刻的电路状态无关。

- 组合逻辑电路的分析，即要分析一个给定的逻辑电路，找出电路的输入、输出之间的关系。通常采用的办法是从电路的输入到输出逐级写出逻辑表达式，可用代数法化简和卡诺图化简，对函数式进行化简和变换，得到表示输出与输入关系的逻辑表达式。有时需要列出真值表，以便逻辑关系简单明了，从而归纳出电路的逻辑功能。

- 组合逻辑电路设计，即根据给出的实际逻辑问题，求出实现这一逻辑功能的最简电路。所谓"最简"是指电路中器件的个数最少，器件的种类最少，并且连线最少。一般有如下几个步骤：①逻辑抽象，列出功能真值表；②写出逻辑表达式；③选择器件，将逻辑函数变换和化简为恰当的形式；④根据化简和变换的结果，画出逻辑电路图。

思考与练习

1. 将下列二进制数化成等值的十进制数。

   （1）$(11010)_2$ （2）$(11010.101)_2$

2. 写出下列各数的 8421BCD 码。

   （1）$(56)_{10}$ （2）$(1101.1)_2$ （3）$(2.79)_{10}$

3. 写出下列函数的对偶式。

   （1）$F = \overline{ABC} + AC + 1$ （2）$F = \overline{AB + CD} + \overline{A}BC$

4. 写出下列函数的反演式。

   （1）$F = \overline{(A + \overline{B})(AC + \overline{DE})} + BCD$ （2）$F = A + \overline{B + \overline{C + \overline{D} + E}}$

5. 已知逻辑函数的真值表如表 1-33 所示，试写出逻辑函数式。

表 1-33　真值表

A	B	C	F
0	0	0	0
0	0	1	1
0	1	0	0
0	1	1	1
1	0	0	1
1	0	1	0
1	1	0	0
1	1	1	1

6. 利用卡诺图化简下列各逻辑函数。

   （1）$F(A,B,C) = ABC + \overline{B}$

   （2）$F(A,B,C,D) = A\overline{B}C + ABC + \overline{A}BCD$

   （3）$F(A,B,C,D) = A\overline{B}\,\overline{C} + \overline{AB} + \overline{A}D + C + BD$

   （4）$F(A,B,C,D) = \sum m(0,1,2,3,4,6,7,8,9,10,11,14)$

   （5）$F(A,B,C,D) = \sum m(3,6,8,9,11,12) + \sum m_d(0,1,2,13,14,15)$

   （6）$F(A,B,C,D) = \overline{A}C\overline{D} + \overline{A}B\overline{C}D + \overline{AB}\,\overline{C}D$，并且 $\overline{A}\,\overline{B}CD + \overline{A}BCD + \overline{A}B\overline{C}D + AB\overline{C}D + ABC\overline{D} + ABCD = 0$。

7. 试用与非门实现下列各逻辑函数。

   （1）$F = AB + C$

   （2）$F = A\overline{B} + A\overline{C}D + \overline{A}C + B\overline{C}$

   （3）$F = (A + B)(\overline{A} + \overline{B} + \overline{C})$

8. 试分析图 1-61 所示组合逻辑电路的逻辑功能，并列出其真值表。

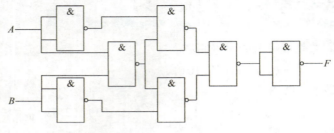

图 1-61　题 8 电路图

9. 试判断下列逻辑函数是否存在冒险现象。

（1）$F = A\overline{C} + BC$

（2）$F = (A + B)(\overline{B} + C)(\overline{A} + C)$

10. 设计一个路灯控制电路，要求在 4 个不同的地方都能独立控制路灯的亮和灭，当一个开关动作后灯亮，另一个开关动作后灯灭。设计一个能实现此要求的组合逻辑电路。

11. 电话总机需要对下面 4 种电话进行编码控制，优先级别最高的是火警电话，其次是急救电话，第三是工作电话，第四是生活电话。用与非门设计该控制电路。

项目 2

多路抢答器的设计与制作

项目目标：

1. 会正确测试中规模组合逻辑集成电路的逻辑功能，并能正确描述。
2. 熟悉编码器、译码器、触发器、锁存器的逻辑功能，并能准确描述。
3. 会正确使用中规模组合逻辑集成电路。
4. 掌握用中规模集成电路实现组合逻辑电路功能的设计方法。

项目引入：

抢答器广泛应用于电视台、商业机构及学校，为竞赛增加了刺激性、娱乐性，在一定程度上丰富了人们的业余生活。在各种知识竞赛活动中，当抢答开始后，答题者按下自己面前的按钮，最先按下按钮的选手的编号将在显示器上显示，而其他选手的抢答信号则无效，保证了竞赛的公平和公开。在实际应用中，抢答器可以通过分立门电路、中规模集成电路、PLD 或单片机等多种方式实现，这里主要介绍如何使用中规模集成电路来实现抢答器。

本项目共有四个任务：

任务 2.1：触发器、锁存器的功能测试：通过对触发器、锁存器逻辑功能的测试，使学生了解基本 RS 触发器、边沿 D 触发器、JK 触发器的逻辑功能，了解锁存的意义及锁存器的正确使用方法。

任务 2.2：编码器的功能测试：通过对编码器逻辑功能的测试，使学生了解优先编码器的编码原则，掌握编码器的正确使用方法。

任务 2.3：译码器的功能测试：通过对数码管显示电路的测试，使学生了解数码管的发光原理及使用方法，了解显示译码驱动器的逻辑功能和使用方法；通过对变量译码器的逻辑功能的测试，了解变量译码器的种类、逻辑功能及使用方法。

任务 2.4：多路抢答器电路的设计与制作：正确应用前三个项目中的器件合理设计满足要求的抢答器电路。

预备知识：

1. 集成电路的分类

根据一块芯片上集成的微电子器件的数目，集成电路可以分为以下几类：

- 小规模集成电路（Small Scale Integration，SSI）：几十个逻辑门以内。
- 中规模集成电路（Medium Scale Integration，MSI）：几百个逻辑门。
- 大规模集成电路（Large Scale Integration，LSI）：几万个逻辑门。
- 超大规模集成电路（Very Large Scale Integration，VLSI）：几十万个逻辑门以上。

中规模集成电路具有较强的通用性，能够适用于不同的系统中。由于器件的功能较强，而电路结构比较简单，这就为用较少的芯片实现所要求的功能、降低成本提供了可能。因此这里首先通过相关任务训练来学习和了解中规模组合逻辑电路的使用及其逻辑功能。

2. 抢答器的组成框图

抢答器的一般组成框图如图2-1所示。它主要由开关阵列电路、触发锁存电路、解锁电路、编码电路和译码显示电路等几部分组成。

1) 开关阵列电路：该电路由多路开关所组成，每一名竞赛者与一组开关相对应。开关应为常开型，当按下开关时，开关闭合；当松开开关时，开关自动弹出断开。

2) 触发锁存电路：当某一组开关首先被按下时，触发锁存电路被触发，在对应的输出端上产生开关电平信息，同时为防止其他开关随后触发而造成输出紊乱，最先产生的输出电平反馈到使能端上，将触发电路封锁。

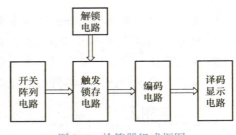

图 2-1　抢答器组成框图

3) 解锁电路：一轮抢答完成后，应将触发器使能端强迫置1或置0（根据芯片具体情况而定），解除触发锁存电路的封锁，使锁存器重新处于等待接收状态，以便进行下一轮的抢答。

4) 编码电路：将触发锁存电路输出端上产生的开关电平信息转换为相应的8421BCD码。

5) 译码显示电路：将编码电路输出的8421BCD码经显示译码驱动器，转换为数码管所需的逻辑状态，驱动LED数码管显示相应的十进制数码。

任务2.1　触发器、锁存器的功能测试

项目任务单如下：

项目名称		项目2　多路抢答器的设计与制作	
任务编号	2.1	任务名称	触发器、锁存器的功能测试
任务内容	\multicolumn{3}{l}{1. 使用数字电路综合实训箱设计、搭建电路，完成如下工作 　(1) 基本RS触发器逻辑功能测试 　(2) 74LS74边沿D触发器逻辑功能测试 　(3) 74LS112边沿JK触发器逻辑功能测试 　(4) 8路锁存器逻辑功能测试 步骤：按测试电路图接好电路；接通电源，改变输入电平，观察输出逻辑状态，记录测试结果 2. 撰写测试报告}		
任务实施准备	综合实训箱；数字万用表；74LS00、74LS74、74LS112、74LS373等芯片		

任务要求与考核标准	1. 测试任务准备：能正确查阅手册了解测试电路中集成电路的逻辑功能及其引脚图，了解各引脚的功能，掌握测试设备的使用方法 2. 电路的连接与调试：能根据测试电路接好电路图，进行电路的调试及故障的处理 3. 测试结果记录及分析：能正确记录测试结果，并根据测试结果进行电路的功能分析 4. 测试报告：能规范撰写测试报告

数字电路通常分为组合逻辑电路和时序逻辑电路。组合逻辑电路的特点是：输出的状态仅仅取决于当前的输入状态，与电路原来的状态无关；而时序逻辑电路的特点是：输出状态不仅与当前的输入状态有关，还与电路原来的状态有关。因此在时序逻辑电路中增加了存储电路，这个存储电路能够记忆电路原来的状态并反馈到当前输入端，和当前输入共同确定时序电路的输出状态，如图2-2所示。存储电路是由触发器构成的，也就是说触发器是构成存储电路的基本元件。

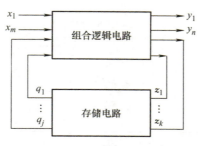

图2-2　时序逻辑电路构成框图

1. 触发器的种类

触发器的类型和种类很多，常用的分类方式大致如下：

1）根据逻辑功能的不同来分类，触发器可分为 RS 触发器、D 触发器、JK 触发器、T 触发器和 T′触发器。

2）根据触发方式的不同来分类，触发器可分为电平触发器、钟控触发器和边沿触发器。

触发器状态的改变受外界触发信号的控制，不同的结构形式有不同的触发方式。触发方式大致分为电平触发方式和脉冲边沿触发方式。

常用的触发器电路有基本 RS 触发器、D 触发器和 JK 触发器。RS 触发器是最基本的触发器电路。

2. 触发器的特点

触发器电路具有如下特点：触发器具有两个稳定的状态，在外加信号的触发下，可以从一个稳态转到另一个稳态。这一新的状态在触发信号去掉之后仍然保持着，一直保持到下一触发信号来到为止，这就是触发器的记忆功能。它可以记忆和存储两个信息——"0"或"1"，所以说一个触发器可以记忆一位二进制数。

因此，触发器和组合电路不一样，它有"记忆"功能，也就是当下一个触发信号没有到来时，它有保持原来触发器输出状态的功能。只有当下一个触发信号到来时，触发器的输出才可能发生变化。

任务 2.1.1 RS 触发器逻辑功能测试

任务编号	CS2-1
任务名称	RS 触发器逻辑功能测试
任务要求	按测试程序要求完成所有测试内容，并撰写测试报告
测试设备	数字电路综合测试系统　　　　　　　　　　　　　　　（1套） 数字万用表　　　　　　　　　　　　　　　　　　　（1块）
元器件	集成电路 74LS00　　　　　　　　　　　　　　　　　（1块）
测试电路	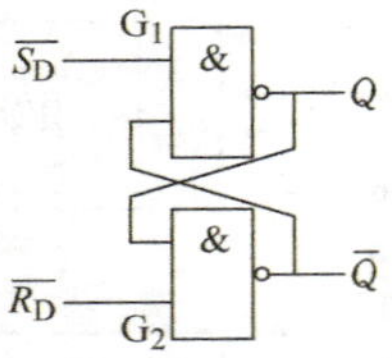 图 2-3　基本 RS 触发器功能测试电路
测试程序	1. 取 74LS00 插入实验装置的 14 脚插座上，注意集成电路的方向（缺口向上）。14 脚接 +5V，7 脚接 GND 2. 按图 2-3 连接测试电路。将 $\overline{R_D}$、$\overline{S_D}$ 接输入，Q、$\overline{Q}$ 接输出 3. 检查无误后，接通实验装置电源 4. 将 $\overline{R_D}$ 端接低电平，$\overline{S_D}$ 端接低电平，此时输出 $Q=$ _____（填0或1），$\overline{Q}=$ _____（填0或1） 结论：当 $\overline{R_D}=0$，$\overline{S_D}=0$ 时，$Q=$ _____，$\overline{Q}=$ _____。此输出状态称为不允许状态 5. 将 $\overline{R_D}$ 端接低电平，$\overline{S_D}$ 端接高电平，此时输出 $Q=$ _____（填0或1），$\overline{Q}=$ _____（填0或1） 结论：当 $\overline{R_D}=0$，$\overline{S_D}=1$ 时，$Q=$ _____，$\overline{Q}=$ _____。此输出状态称为 0 状态 6. 将 $\overline{R_D}$ 端接高电平，$\overline{S_D}$ 端接高电平，此时输出 $Q=$ _____（填0或1），$\overline{Q}=$ _____（填0或1） 结论：当 $\overline{R_D}=1$，$\overline{S_D}=1$ 时，$Q=$ _____，$\overline{Q}=$ _____。此输出状态称为保持状态 7. 将 $\overline{R_D}$ 端接高电平，$\overline{S_D}$ 端接低电平，此时输出 $Q=$ _____（填0或1），$\overline{Q}=$ _____（填0或1） 结论：当 $\overline{R_D}=1$，$\overline{S_D}=0$ 时，$Q=$ _____，$\overline{Q}=$ _____。此输出状态称为 1 状态 8. 将 $\overline{R_D}$ 端接高电平，$\overline{S_D}$ 端接高电平，此时输出 $Q=$ _____（填0或1），$\overline{Q}=$ _____（填0或1） 9. 测试完毕，关闭电源
结论与体会	

1. 基本 RS 触发器

(1) 基本 RS 触发器的逻辑功能

基本 RS 触发器逻辑电路图如图 2-4a 所示,逻辑符号如图 2-4b 所示。

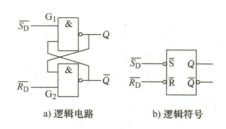

a) 逻辑电路　　b) 逻辑符号

图 2-4　基本 RS 触发器

图 2-4 中电路由两个与非门交叉连接而成,$\overline{R_D}$ 和 $\overline{S_D}$ 是两个输入端,分别称为复位端和置位端,或者称为置"0"端和置"1"端。Q 和 $\overline{Q}$ 为两个互补的输出端,正常情况下,Q 和 $\overline{Q}$ 的状态相反,是一种互补的逻辑状态。在触发器电路中,一般规定 Q 的状态为代表触发器的状态,把 $Q=1$,$\overline{Q}=0$ 的状态称为触发器的 1 状态,把 $Q=0$,$\overline{Q}=1$ 的状态称为触发器的 0 状态。

从图 2-4a 可以看出:

1) 当 $\overline{R_D}=0$,$\overline{S_D}=1$ 时,无论触发器原来的状态是什么,与非门 G_2 的输出为 1,所以 $\overline{Q}=1$,这样与非门 G_1 的输入都为高电平,其输出为低电平,则 $Q=0$。触发器此时为置 0 状态。

2) 当 $\overline{R_D}=1$,$\overline{S_D}=0$ 时,由于电路的对称性,此时,$Q=Q$,$\overline{Q}=0$。触发器为置 1 状态。

3) 当 $\overline{R_D}=1$,$\overline{S_D}=1$ 时,触发器保持原来的状态不变。当原来的状态为 0 时,则 $Q=0$ 反馈到 G_2 的输入端,使得 $\overline{Q}=1$。$\overline{Q}=1$ 又反馈到 G_1 的输入端,和 $\overline{S_D}=1$ 使得 G_1 的输出为 0,即 $Q=0$,使得触发器维持 0 状态不变。当原来触发器的状态为 1 时,同理,触发器仍然保持 1 状态不变。此时,触发器处于保持状态。

4) 当 $\overline{R_D}=0$,$\overline{S_D}=0$ 时,此时,与非门 G_1 和 G_2 的输入端皆有一个为 0 电平,输出 $Q=\overline{Q}=1$。由此破坏了触发器的输出 Q 和 $\overline{Q}$ 应为互补的逻辑关系。称这样的状态为不允许状态。

从以上分析可以看出:基本 RS 触发器的输出状态随输入状态的变化而变化,是由触发器直接以电平的方式触发改变触发器状态的,该方式为直接低电平触发方式,而逻辑符号中输入端靠近矩形框处的小圆圈表明它是用低电平触发的。在正常工作条件下,当触发信号到来时(低电平有效),触发器翻转成相应的状态,当触发信号过后(恢复到高电平),触发器维持不变,因此基本 RS 触发器具有记忆功能。

在触发器电路中,用 Q^n 表示触发器原来所处的状态,称为现态。用 Q^{n+1} 表示在 $\overline{R}$、$\overline{S}$

输入信号触发下触发器的新状态，这个状态称为次态。将触发器的输入、现态、次态列在表中，称为触发器的逻辑功能真值表，如表 2-1 所示。

表 2-1 基本 RS 触发器逻辑功能真值表

$\overline{R_D}$	$\overline{S_D}$	Q^n	Q^{n+1}	$\overline{Q^{n+1}}$	功　能
0	0	0	1	1	不允许
0	0	1	1	1	
0	1	0	0	1	置 0
0	1	1	0	1	
1	0	0	1	0	置 1
1	0	1	1	0	
1	1	0	0	1	保持
1	1	1	1	0	

根据 RS 触发器功能真值表列出卡诺图，如图 2-5 所示。

根据 RS 触发器状态卡诺图，写出 RS 触发器的状态方程：

$$Q^{n+1} = \overline{\overline{S_D}} + \overline{R_D} \cdot Q^n$$

约束条件为 $\overline{R_D} + \overline{S_D} = 1$，也就是说 $\overline{R_D}$ 和 $\overline{S_D}$ 不能同时为 0。

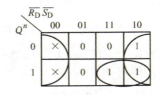

图 2-5 RS 触发器的状态卡诺图

状态方程又称为特征方程，它是以逻辑表达式的形式表示触发信号作用下次态 Q^{n+1} 和现态 Q^n 与输入信号之间的关系。

（2）RS 触发器的应用——消抖动开关电路

基本 RS 触发器虽然电路简单，但具有广泛的用途。图 2-6a 是在时序电路中广泛应用的消抖动开关电路的原理电路。

通常使用的开关一般是由机械接触实现开关的闭合和断开，由于机械触点存在弹性，这就决定了当它闭合时产生反弹的问题，反映在电信号上将产生不规则的脉冲信号，如图 2-6b 所示。

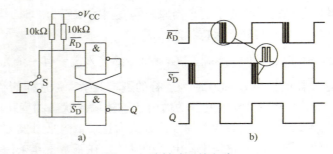

图 2-6 消抖动开关电路

消抖动电路的工作原理如下：当开关向下时，$\overline{R_D}$ 为高电平，$\overline{S_D}$ 通过开关触点接地，但由于机械触点存在抖动现象，$\overline{S_D}$ 端不是一个稳定的低电平，而是有一段时高时低的不规则脉冲出现。但当开关扳下的瞬间,$\overline{S_D}$为低电平,此时$\overline{R_D}=1$,$\overline{S_D}=0$,触发器置"1",输出$Q=1$。由于开关的抖动使得开关可能又迅速地弹起,此刻$\overline{S_D}$立刻变为高电平,即$\overline{R_D}=1$,$\overline{S_D}=1$,此时刻触发器为保持状态,保持前一时刻的输出高电平状态,即$Q=1$。所以尽管输入由于开关的抖动使电信号产生了不稳定的脉冲,但输出波形却为稳定的无瞬时抖动的脉冲信号。

2. 同步触发器

在数字电路中,为了协调各部分的工作状态,常常要求电路中的触发器同一时刻动作。前述的RS基本触发器无法达到上述要求,因此必须引入同步信号,使得电路中的触发器在同步信号的作用下同时动作,同步信号也称为时钟信号,用CP表示。具有时钟脉冲控制的触发器称为同步触发器,又称钟控触发器。常见同步触发器有同步RS触发器和同步D触发器等。

(1)同步RS触发器

图2-7是同步RS触发器的原理图和逻辑符号。它在基本RS触发器(G_1和G_2)的基础上,增加了两个与非门(G_3和G_4)和一个钟控端CP。

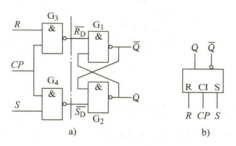

图2-7 同步RS触发器

当$CP=0$时,无论R、S如何变化,输出状态总保持不变。但$CP=1$时,R、S的变化才能反映到输出端,同步RS触发器逻辑功能真值表如表2-2所示。

表2-2 同步RS触发器逻辑功能真值表

CP	R	S	Q^n	Q^{n+1}	$\overline{Q^{n+1}}$	功能
0	×	×	0	0	1	保持
			1	1	0	
1	0	0	0	0	1	保持
			1	1	0	
1	0	1	0	1	0	置1
			1	1	0	
1	1	0	0	0	1	清零
			1	0	1	
1	1	1	0	1	1	不允许
			1	1	1	

从表 2-2 可以看出：当 CP 同步信号为低电平时，触发器的输出保持原来状态；只有当 CP 同步信号为高电平时，输出状态才可能随输入信号 R、S 发生变化。所以称此触发器为 CP 高电平有效的同步触发器。通过上述分析可得到同步 RS 触发器的特征方程为

$$Q^{n+1} = S + \overline{R}Q^n$$
$$RS = 0 \quad （约束条件）$$

（2）带有直接清零端 $\overline{R_D}$ 和置位端 $\overline{S_D}$ 的同步 RS 触发器

图 2-8 所示的电路较图 2-7 所示的电路多了一个 $\overline{R_D}$ 直接清零端和 $\overline{S_D}$ 直接置位端。电路中 $\overline{R_D}$ 和 $\overline{S_D}$ 在 CP 同步信号为低电平时可直接使得触发器的输出直接置 0 或者直接置 1。一般在触发器工作之前，利用 $\overline{R_D}$ 和 $\overline{S_D}$ 直接置 0 或置 1，不用时将 $\overline{R_D}$ 和 $\overline{S_D}$ 接高电平。图 2-8b 中 $\overline{R_D}$ 和 $\overline{S_D}$ 端的小圆圈表明 $\overline{R_D}$ 直接清零端和 $\overline{S_D}$ 直接置位端低电平有效。

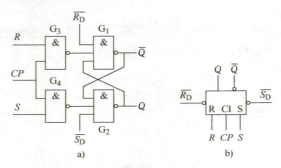

图 2-8　带有直接清零端和置位端的同步 RS 触发器

除同步 RS 触发器外，还有一种同步 D 触发器（也叫 D 锁存器），CP 有效时，触发器的状态就等于输入端 D 的状态；CP 无效时，触发器的状态保持不变，又称为透明锁存器，如八 D 锁存器 74HC373。

从以上的分析来看，同步 RS 触发器无疑克服了基本 RS 触发器的不足。它可以利用 CP 脉冲来选通控制，实现 CP=0 时触发器被禁止，CP=1 的全部期间会接收输入。但是，在 CP=1 期间仍是直接控制，如果在此期间输入信号发生多次变化，触发器状态也可以随输入的变化而多次变化，此现象称为空翻，如图 2-9 所示。

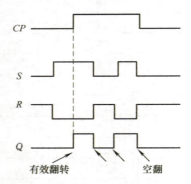

图 2-9　同步 RS 触发器的空翻波形

这种电平触发的触发器状态不能严格按时钟节拍而变化,从而失去同步的意义。因为空翻是一种有害的现象,它使得时序电路不能按时钟节拍工作,造成系统的误动作。造成空翻现象的原因是同步触发器结构的不完善,下面将讨论的几种无空翻的触发器,都是从结构上采取措施,从而克服了空翻现象。因此这种工作方式的触发器在应用中受到一定的限制,现已被边沿触发器所代替。

3. 边沿触发器

广泛应用的边沿触发器是一种能控制在某一时刻(CP 的上升沿或下降沿)进行翻转的触发器,与同步 RS 触发器相比,其抗干扰能力和工作可靠性得到较大提高,它没有空翻现象。边沿触发器主要有 TTL 维持阻塞 D 触发器、边沿 JK 触发器和 CMOS 边沿触发器。对于边沿触发器,要求掌握它的工作特点并能正确使用它。

任务 2.1.2　边沿 D 触发器逻辑功能测试

任务编号	CS2-2
任务名称	边沿 D 触发器逻辑功能测试
任务要求	按测试程序要求完成所有测试内容,并撰写测试报告
测试设备	数字电路综合测试系统　　　　　　　　　　　　　　(1 套) 数字万用表　　　　　　　　　　　　　　　　　　(1 块)
元器件	集成电路 74LS74　　　　　　　　　　　　　　　　(1 块)
测试电路	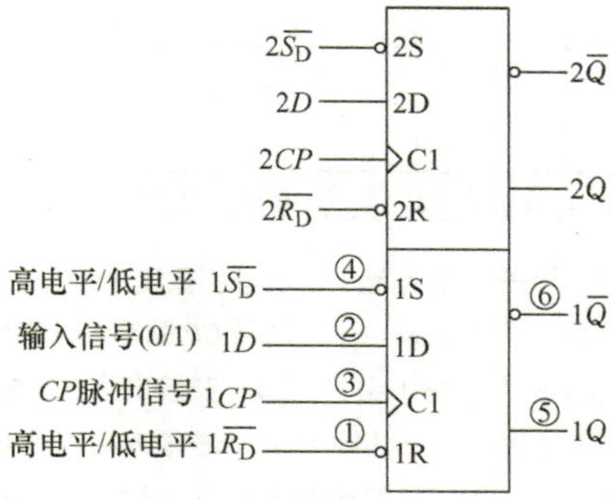 图 2-10　边沿 D 触发器逻辑功能测试电路 注:在图 2-10 所示的测试电路中,74LS74 中集成了 2 个 D 触发器,可选择其中一个 D 触发器进行测试
测试程序	1. 按图 2-10 接好测试电路 (7 脚接 GND,14 脚接 +5V),检查接线无误后,打开电源 2. 将清零端 $\overline{1R_D}$ ①脚接低电平,置 1 端 $1\overline{S_D}$ ④脚接高电平,并分别将 D 接高电平和低电平,CP 先由高电平变成低电平(下降沿),再由低电平变为高电平(上升沿),观察 $1Q$ ⑤脚、$\overline{1Q}$ ⑥脚输出状态有无变化,并测试其输出状态,填入表 2-3 中 结论:当 $\overline{1R_D}=0$,$\overline{1S_D}=1$ 时,不管 D 输入高电平还是低电平,不管 CP 脉冲是上升沿还是下降沿时,输出状态总是为　　　　状态(填 0 或 1),所以清零端 $\overline{R_D}$　　　　(填高电平/低电平)有效

（续）

测试程序	3. 将清零端 $\overline{1R_D}$ ①脚接高电平，置 1 端 $\overline{1S_D}$ ④脚接低电平，重复上一步步骤 结论：当 $\overline{1R_D}=1$，$\overline{1S_D}=0$ 时，不管 D 输入高电平还是低电平，不管 CP 脉冲是上升沿还是下降沿时，输出状态总是为_____状态（填 0 或 1），所以置 1 端 $\overline{S_D}$ 是_____（填高电平/低电平）有效 4. 依据上述方法，将触发器的输出状态置为 0 状态，再将 $\overline{1R_D}$ ①脚和 $\overline{1S_D}$ ④脚均接高电平。将输入端 1D②脚分别接低电平和高电平，CP 先由高电平变成低电平（下降沿），再由低电平变为高电平（上升沿），观察输出 1Q⑤脚、$\overline{1Q}$⑥脚的状态，记录在表 2-3 中 表 2-3　边沿 D 触发器逻辑功能测试表 | CP	$\overline{R_D}$	$\overline{S_D}$	D	Q^n	Q^{n+1}	$\overline{Q^{n+1}}$	功能
---	---	---	---	---	---	---	---
×	0	1	×	0			
				1			
×	1	0	×	0			
				1			
↓	1	1	1	0			
				1			
↑	1	1	1	0			
				1			
↓	1	1	0	0			
				1			
↑	1	1	0	0			
				1				 注：表中×表示任意边沿及任意状态。 5. 将触发器的输出状态置为 1 状态，重复步骤 4 结论：若输入端 D 为高电平，则当 CP 脉冲上升沿到来时，无论触发器原来的输出状态为 0 状态还是 1 状态（记为 $Q^n=0$ 或 $Q^n=1$），其输出状态都总是为_____（填 0 或 1）状态，即 D=1 时，则 $Q^{n+1}=$_____（填 0 或 1）。若输入端 D 为低电平，则当 CP 脉冲上升沿到来时，无论触发器的原来输出状态为 0 状态还是 1 状态（记为 $Q^n=0$ 或 $Q^n=1$），其输出状态都总是为_____（填 0 或 1），即 D=0 时，则 $Q^{n+1}=$_____（填 0 或 1） 将步骤 5、步骤 6 的结论综合，可以写出边沿 D 触发器的特征方程为 $Q^{n+1}=$_____
结论与体会	

1. 边沿 D 触发器的逻辑符号

边沿 D 触发器的逻辑符号如图 2-11 所示。

如图 2-11a 所示，边沿 D 触发器有一个输入端 1D，一个时钟信号输入端 C1。其触发方式为边沿触发，用三角标志">"表示边沿触发；C1 端没有小圆圈的表示有效边沿为上升

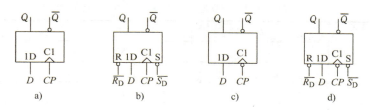

图 2-11 边沿 D 触发器的逻辑符号

沿（正边沿）触发，即触发器的输出状态在 CP 上升沿（正边沿）时才会变化。两个互补输出端 Q、$\overline{Q}$，即当 $Q=1$ 时，$\overline{Q}=0$；$Q=0$ 时，$\overline{Q}=1$。边沿 D 触发器的输出状态不仅与输入信号 D 的当前状态及 CP 脉冲信号的有效边沿（上升沿或下降沿）有关，还与 CP 脉冲到来之前的电路状态有关。通常把 CP 脉冲作用之前触发器的输出状态称为现态，记为 Q^n（$\overline{Q^n}$），把 CP 脉冲作用之后触发器的输出状态称为次态，记为 Q^{n+1}（$\overline{Q^{n+1}}$）。

在图 2-11c 中，C1 端有小圆圈，表示触发有效边沿为下降沿（负边沿），即触发器的输出状态在 CP 脉冲的下降沿才会发生变化。图 2-11b、d 中的 D 触发器分别比图 2-11a、c 中多了两个输入端 $\overline{R_D}$ 和 $\overline{S_D}$，称为 $\overline{R_D}$ 和 $\overline{S_D}$ 端，分别为置 0 端（复位端）和置 1 端（置位端）。

2. 集成边沿 D 触发器 74LS74

74LS74 为单输入端的双 D 触发器。一个芯片中封装着两个相同的 D 触发器，每个触发器只有一个 D 端，它们都带有置 0 端 $\overline{R_D}$ 和置 1 端 $\overline{S_D}$，为低电平有效。CP 为上升沿触发。74LS74 的逻辑符号和引脚排列分别如图 2-12 所示。

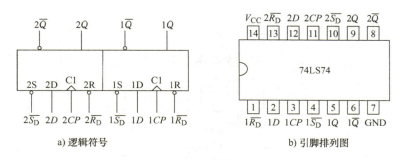

a) 逻辑符号 　　　　　　　　　b) 引脚排列图

图 2-12 边沿 D 触发器 74LS74

3. 边沿 D 触发器功能描述

（1）特征方程
将触发器的次态与现态、输入之间的关系用逻辑函数的形式表示为

$$Q^{n+1} = D$$

（2）功能真值表
将触发器的次态、现态、输入之间的关系用真值表的方式表示，如表 2-4 所示。

表 2-4 D 触发器功能真值表

CP	D	Q^n	Q^{n+1}
×	×	×	Q^n
↑	0	0	0
↑	0	1	0
↑	1	0	1
↑	1	1	1

边沿 D 触发器中置 0 端和置 1 端的作用为：当 $\overline{R_D}=0$，$\overline{S_D}=1$ 时，触发器的输出状态为 0 状态，$Q=0$，$\overline{Q}=1$；当 $\overline{R_D}=1$，$\overline{S_D}=0$ 时，触发器的输出状态为 1 状态。

边沿 D 触发器的动作特点是：当 CP 脉冲的有效边沿到来时，触发器输出状态等于输入端 D 的状态；而在 CP 脉冲信号的其他时刻，D 触发器保持原来状态不变。

（3）状态转移图

图 2-13 是 D 触发器的状态转移图。我们用 0 外加个圈表示 0 状态，用 1 外加个圈表示 1 状态；用有箭头的线段表示 CP 脉冲有效边沿到来之后的状态的变化方向；箭头上方或下方是状态转换的条件。

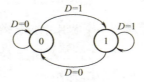

图 2-13 D 触发器状态转移图

（4）波形图

将 CP 时钟、输入信号、输出现态及次态用波形的方式表示，如图 2-14 所示。

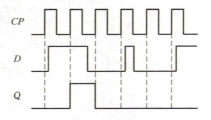

图 2-14 D 触发器波形图（时序图）

注意：在图 2-14 中，设触发器的初始状态为 0，CP 时钟信号上升沿有效。

4. 各种类型 D 触发器

实际上 D 触发器依据触发器方式及结构的不同可分为钟控 D 触发器、主从 D 触发器、边沿 D 触发器等。边沿 D 触发器根据结构的不同又可分为维持阻塞型边沿触发器、利用传输延时实现的边沿 D 触发器、CMOS 边沿 D 触发器等。

图 2-15a 是钟控 D 触发器的原理图，图 2-15b 是钟控 D 触发器的逻辑符号。

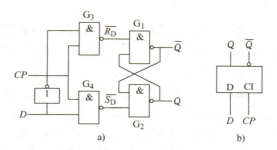

图 2-15　钟控 D 触发器的原理图和逻辑符号

当 $CP=0$ 时，无论 D 的状态如何，输出的状态保持不变。只有当 $CP=1$ 时，D 的状态改变才会使得输出的状态可能改变。当 $CP=1$ 且 $D=0$ 时，$\overline{S_D}=1$，$\overline{R_D}=0$，所以输出为 0 状态。当 $CP=1$ 且 $D=1$ 时，$\overline{S_D}=0$，$\overline{R_D}=1$，所以输出为 1 状态。显然钟控 D 触发器的特征方程为

$$Q^{n+1} = D \cdot CP + Q^n \cdot \overline{CP}$$

上式表明：当 $CP=0$ 时，输出状态保持不变；当 $CP=1$ 时，输出状态为 D 的状态。

此类触发器的缺点是：CP 信号高电平期间，输入 D 的变化会随时反映到输出端。若由于外界干扰使得输入 D 信号发生变化，则输出状态也会发生变化，这种现象称为钟控触发器的空翻现象。显然，钟控 D 触发器抗干扰能力较差。

图 2-16a 是主从 D 触发器的原理图，图 2-16b 是主从 D 触发器的逻辑符号。

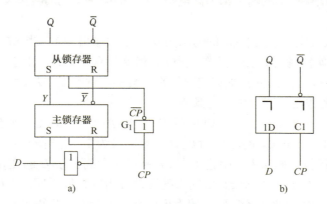

图 2-16　主从 D 触发器的原理图和逻辑符号

图 2-16a 的主从触发器由主触发器和从触发器构成，主触发器或从触发器是由同步 RS 触发器构成的。由于同步 RS 触发器的同步脉冲只有在高电平时才能有效触发，在数字电路中又称电平触发的触发器为锁存器。

在 $CP=1$ 期间，主锁存器打开，D 的状态反映在主锁存器的输出端，所以 $Y=D$（$D=0$ 时，$S=0$，$R=1$，输出为置 0 状态。$D=1$ 时，$S=1$，$R=0$，输出为置 1 状态）；从锁存器的 CP 信号为低电平，输出 Q 保持不变。

在 $CP=0$ 期间，主锁存器输出保持前一时刻的状态不变（$Y=D$）；此时从锁存器的 CP

信号为高电平，从锁存器打开，输出 Q 接收输入信号的状态（$Y = D$，$\overline{Y} = \overline{D}$），所以输出 $Q^{n+1} = D$。

从以上分析可以看出：主从 D 触发器的输出状态改变是在 CP 信号下降沿到来时才完成的。所以图 2-16b 所示逻辑符号中的"⌐"表示"CP 高电平时主锁存器接收数据，而 CP 下降沿时，输出状态才可能发生变化"。

主从触发器克服了钟控触发器空翻现象，但为了更进一步提高触发器的抗干扰能力，人们陆续研制了各种类型的边沿 D 触发器。下面介绍维持阻塞边沿 D 触发器，其他类型的边沿 D 触发器这里不再赘述，有兴趣的同学可查阅数字电路相关书籍。

图 2-17a 是维持阻塞边沿 D 触发器的原理图，图 2-17b、c 是边沿 D 触发器的逻辑符号。

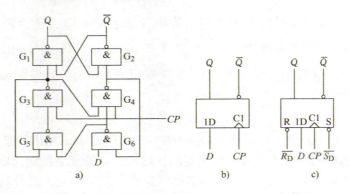

图 2-17　维持阻塞边沿 D 触发器的原理图和逻辑符号

当 $CP = 0$ 时，G_3 和 G_4 的输出都为高电平，G_1 和 G_2 构成了 RS 触发器，输出 Q 状态保持原状态。

当 $D = 0$ 时，G_6 的输出为 1，G_5 的输出为 0，G_3 的输出为 1，当 CP 由 0 变为 1 时，使得 G_4 的输出为 0，使得输出 Q 为 0 状态。当 CP 保持为高电平时，由于 G_4 的输出 0 状态反馈到 G_6 的输入端，这时，无论 D 如何变化，都不会影响到触发器的输出状态，因此这条线起到保持输出状态的作用，通常称之为保持线。

当 $D = 1$ 时，由于 $CP = 0$ 时，G_3 和 G_4 的输出均为 1，当 CP 由 0 变到 1 时，G_6 的输出为 0，G_5 的输出为 1，因此 G_3 的输出为 0，G_4 的输出为 1。此时输出 Q 的状态为 1 状态。同时 G_3 的输出反馈到 G_5 的输入，阻止了在 CP 高电平期间由于 D 的变化引起的 G_3 输出状态及输出 Q 的变化，因此 G_3 输出到 G_5 输入的反馈线为维持线。同时，G_3 的输出 0 也反馈到 G_4 的输入端，在 $CP = 1$ 期间使得 G_4 的输出始终为 1 状态，阻止了 G_4 输出状态及输出 Q 的变化，因此这根线又称为阻塞线。这就是维持阻塞的由来。

由以上分析可知，只有当 CP 上升沿到来时，触发器的状态会跟随输入信号 D 的变化而变化，在 CP 脉冲信号的其他时刻，触发器均保持 Q 状态不变。其特征方程如下：

$$Q^{n+1} = D$$

在上述测试中所使用的 74LS74 就是一款维持阻塞边沿 D 触发器。另外，CD4013 是一款 CMOS 边沿 D 触发器。

任务 2.1.3　边沿 JK 触发器逻辑功能测试

任务编号	CS2-3
任务名称	边沿 JK 触发器逻辑功能测试
任务要求	按测试程序要求完成所有测试内容，并撰写测试报告
测试设备	数字电路综合测试系统　　　　　　　　　　　　　（1 套） 数字万用表　　　　　　　　　　　　　　　　　　（1 块）
元器件	集成电路 74LS112　　　　　　　　　　　　　　　（1 块）
测试电路	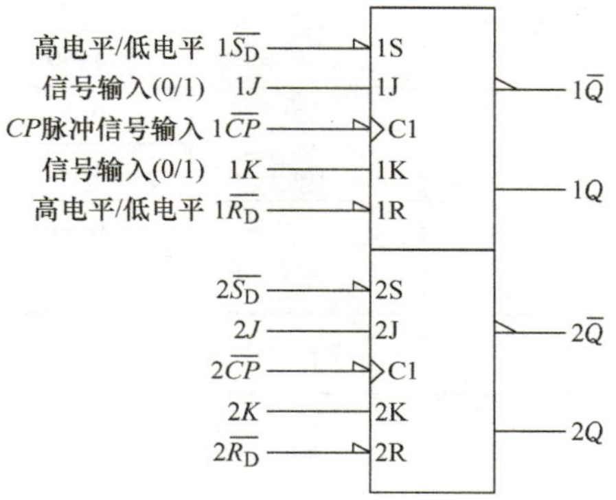 高电平/低电平 1$\overline{S_D}$ → 1S 信号输入(0/1) 1J → 1J　　　　→ 1$\overline{Q}$ CP 脉冲信号输入 1$\overline{CP}$ → C1 信号输入(0/1) 1K → 1K 高电平/低电平 1$\overline{R_D}$ → 1R　　　　→ 1Q 2$\overline{S_D}$ → 2S 2J → 2J　　　　→ 2$\overline{Q}$ 2$\overline{CP}$ → C1 2K → 2K 2$\overline{R_D}$ → 2R　　　　→ 2Q 图 2-18　边沿 JK 触发器逻辑功能测试电路
测试程序	1. 按图 2-18 连接电路（16 脚接 V_{CC}，8 脚接 GND） 2. 检查正确无误后，打开电源 3. 1$\overline{S_D}$ 接低电平，1$\overline{R_D}$ 接高电平，改变 J、K、CP（分别置高电平或低电平），观察输出端 Q 和 $\overline{Q}$ 的变化，并将观察结果记入表 2-5 中 表 2-5　74LS112 使能测试 | $\overline{S_D}$ | $\overline{R_D}$ | J | K | CP | Q | $\overline{Q}$ | |---|---|---|---|---|---|---| | 0 | 1 | × | × | × | | | | 1 | 0 | × | × | × | | | 4. 1$\overline{R_D}$ 接低电平，1$\overline{S_D}$ 接高电平，改变 J、K、CP（分别置高电平或低电平），观察输出端 Q 和 $\overline{Q}$ 的变化，并将观察结果记入表 2-5 中 　　结论：1$\overline{R_D}$ 为＿＿＿＿（清零/置数）端，＿＿＿＿（高电平/低电平）有效。1$\overline{S_D}$ 为＿＿＿＿（清零/置数）端，＿＿＿＿（高电平/低电平）有效。为了使输出为 0 状态（Q＝0，$\overline{Q}$＝1），则 1$\overline{R_D}$ 应接＿＿＿＿（高/低）电平，1$\overline{S_D}$ 应接＿＿＿＿（高/低）电平。为了使输出为 1 状态（Q＝1，$\overline{Q}$＝0），则 1$\overline{R_D}$ 应接＿＿＿＿（高/低）电平，1$\overline{S_D}$ 应接＿＿＿＿（高/低）电平 5. 1$\overline{R_D}$ 和 1$\overline{S_D}$ 均接高电平，按照表 2-6 中的要求，测试其逻辑功能 　　结论：当 J＝0，K＝0 时，JK 触发器具有＿＿＿＿功能（置 0/置 1/保持/翻转）；当 J＝0，K＝1 时，

(续)

	JK 触发器具有_____功能（置0/置1/保持/翻转）；当 $J=1$，$K=0$ 时，JK 触发器具有_____功能（置0/置1/保持/翻转）；当 $J=1$，$K=1$ 时，JK 触发器具有_____功能（置0/置1/保持/翻转），JK 触发器 74LS112 是_____（上升沿/下降沿）有效的触发器				
	表 2-6 74LS112 功能测试				
测试程序	J	K	CP	Q^{n+1}	
				$Q^n=0$	$Q^n=1$
	0	0	0→1		
			1→0		
	0	1	0→1		
			1→0		
	1	0	0→1		
			1→0		
	1	1	0→1		
			1→0		
结论与体会					

1. 边沿 JK 触发器的逻辑符号

边沿 JK 触发器的逻辑符号如图 2-19 所示。边沿 JK 触发器有两个输入端，分别为 J 和 K，还有一个 CP 时钟端 C1，两个互补输出端 Q 和 $\overline{Q}$。图 2-19a 为下降沿有效的边沿 JK 触发器的逻辑符号，图 2-19b 为上升沿有效的边沿 JK 触发器的逻辑符号。

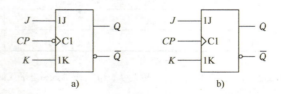

图 2-19 JK 触发器逻辑符号

2. 边沿 JK 触发器 74LS112

74LS112 是 TTL 集成边沿 JK 触发器，它的内部集成有两个下降沿有效的 JK 触发器，每个触发器各自有直接置 0 端、置位端、时钟输入端，其引脚排列和逻辑符号如图 2-20 所示。

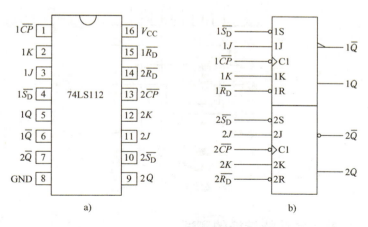

图 2-20　74LS112 引脚排列及常用逻辑符号

边沿 JK 触发器功能描述：

边沿 JK 触发器的特征方程是：$Q^{n+1} = J\overline{Q^n} + \overline{K}Q^n$

边沿 JK 触发器功能真值表如表 2-7 所示。

表 2-7　JK 触发器功能真值表

J	K	Q^n	Q^{n+1}
0	0	0	0
0	0	1	1
0	1	0	0
0	1	1	0
1	0	0	1
1	0	1	1
1	1	0	1
1	1	1	0

边沿 JK 触发器状态转移图如图 2-21 所示。

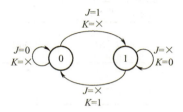

图 2-21　JK 触发器状态转移图

边沿 JK 触发器波形图如图 2-22 所示（设初始状态为 0，CP 时钟下降沿触发）。边沿触发器因其可靠性高，抗干扰能力强，因此被广泛应用于数字电路设计中。

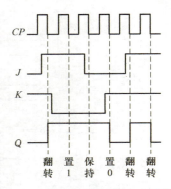

图 2-22　JK 触发器波形图（时序图）

任务 2.1.4　触发器逻辑功能转换的测试

任务编号	CS2-4		
任务名称	74LS112 边沿 JK 触发器转换为 D 触发器功能测试		
任务要求	按测试程序要求完成所有测试内容，并撰写测试报告		
测试设备	数字电路综合测试系统　　　　　　　　　　　　（1 套）		
	数字万用表　　　　　　　　　　　　　　　　　（1 块）		
元器件	集成电路 74LS112　　　　　　　　　　　　　　（1 块）		
测试电路	见图 2-18		
测试程序	1. 按图 2-18 连接好电路 2. 将 JK 触发器的 J 端经非门后加到 K 端，将 J 作为输入（相当于 D），这样就构成了 D 触发器，根据表 2-8 的要求测试 D 触发器的逻辑功能 表 2-8　D 触发器功能测试 	D	CP	Q^{n+1}	
		$Q^n=0$	$Q^n=1$
0	0→1		
	1→0		
1	0→1		
	1→0		| 结论：JK 触发器 ＿＿＿＿＿（可以/不可以）转换为 D 触发器		
结论与体会			

不同类型触发器的结构与特性虽然不同，但由时钟控制具有存储数据的时序特性本质是相同的，因此触发器之间通常是可以互为转换的，这也给实际应用带来了便利。互为转换是根据已有触发器和待求触发器的特性方程相等的原则，求出已有触发器的输入信号与待求触发器之间的转换逻辑关系。在数字电路中，常用的触发器除 JK 触发器、D 触发器之外，还有 T、T′触发器。

1. D 触发器转换为 JK 触发器

首先分别写出 D 触发器和 JK 触发器的特性方程：

$$Q^{n+1} = D$$

$$Q^{n+1} = J\overline{Q^n} + \overline{K}Q^n$$

然后联立两式，得

$$D = J\overline{Q^n} + \overline{K}Q^n$$

再画出用 D 触发器转换成 JK 触发器的逻辑图，如图 2-23a 所示。

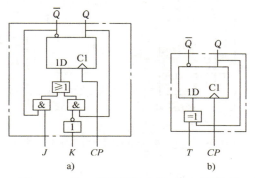

图 2-23　用 D 触发器构成的 JK、T 触发器

2. D 触发器转换为 T 触发器

T 触发器是在数字电路中，凡在 CP 时钟脉冲控制下，根据输入信号 T 取值的不同，具有保持和翻转功能的电路，即当 $T=0$ 时能保持状态不变，$T=1$ 时一定翻转的电路。T 触发器的逻辑符号如图 2-24 所示。

首先分别写出 D 触发器和 T 触发器的特性方程：

$$Q^{n+1} = D$$

$$Q^{n+1} = T\overline{Q^n} + \overline{T}Q^n$$

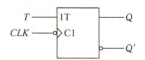

图 2-24　T 触发器的逻辑符号

然后联立两式，得

$$D = T\overline{Q^n} + \overline{T}Q^n = T \oplus Q^n$$

再画出用 D 触发器转换成 T 触发器的逻辑图，如图 2-23b 所示。

3. JK 触发器转换为 D 触发器

首先写出 JK 触发器的特性方程：

$$Q^{n+1} = J\overline{Q^n} + \overline{K}Q^n$$

然后写出 D 触发器的特性方程并变换为

$$Q^{n+1} = D = D(\overline{Q^n} + Q^n) = D\overline{Q^n} + DQ^n$$

再比较以上两式得

$$J = D, K = \overline{D}$$

最后画出用 JK 触发器转换成 D 触发器的逻辑图，如图 2-25a 所示。

4. JK 触发器转换为 T 触发器

首先写出 T 触发器的特性方程：

$$Q^{n+1} = T\overline{Q^n} + \overline{T}Q^n$$

与 JK 触发器的特性方程比较得

$$J = T, K = T$$

画出用 JK 触发器转换成 T 触发器的逻辑图，如图 2-25b 所示。

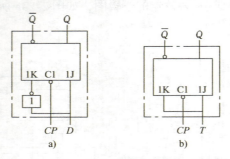

图 2-25 用 JK 触发器构成的 D、T 触发器

任务 2.1.5　8 路锁存器功能测试

任务编号	CS2-5	
任务名称	8 路锁存器功能测试	
任务要求	按测试程序要求完成所有测试内容，并撰写测试报告（格式要求见附录 A）	
测试设备	数字电路综合测试系统	（1 套）
	数字万用表	（1 块）
元器件	集成电路 74LS373（8 路锁存器）	（1 块）
测试电路	8 路锁存器测试电路如图 2-26 所示 图 2-26　8 路锁存器测试电路	

(续)

测试程序	1. 将输出控制端$\overline{OC}$接低电平，EN 接高电平。将输入 $D_0 \sim D_7$ 接高电平，观察输出 $Q_0 \sim Q_7$ 的电平状态 2. 将输出控制端$\overline{OC}$接低电平，EN 接高电平。将输入 $D_0 \sim D_7$ 接低电平，观察输出 $Q_0 \sim Q_7$ 的电平状态 3. 将输出控制端$\overline{OC}$接低电平，EN 接低电平。将输入 $D_0 \sim D_7$ 分别接高电平和低电平，观察输出 $Q_0 \sim Q_7$ 的电平状态 4. 将输出控制端$\overline{OC}$接高电平，EN 接高或低电平。将输入 $D_0 \sim D_7$ 接高或低电平，观察输出 $Q_0 \sim Q_7$ 的电平状态 结论：输出控制端$\overline{OC}$和使能端 EN 分别接＿＿＿＿、＿＿＿＿电平时，8 路锁存器的输出随着输入的变化而变化。$\overline{OC}$和 EN 分别接＿＿＿＿、＿＿＿＿电平时，8 路锁存器的输出保持不变，即为锁存数据状态；输出控制端$\overline{OC}$接高电平时，输出为＿＿＿＿状态
结论 与思考	

1. 什么是锁存器

集成电路 74LS373 是 8 路数据锁存器，它是典型的时序电路，能够记忆、锁存数据。74LS373 的引脚排列和逻辑符号如图 2-27 所示。由图 2-27b 可知，它有 8 个数据输入端 $D_7 \sim D_0$，8 个数据输出端 $Q_7 \sim Q_0$，另外有一个输出控制端$\overline{OC}$，一个使能端 EN。

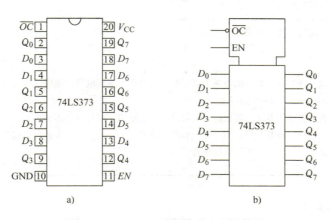

图 2-27　74LS373 引脚排列和逻辑符号

2. 锁存器的逻辑功能

74LS373 的功能真值表如表 2-9 所示。

表 2-9　74LS373 功能真值表

输出控制端 $\overline{OC}$	使能端 EN	输入端 D	输出端 Q
0	1	1	1
0	1	0	0
0	0	×	Q_0
1	×	×	Z

从任务 2.1.5 的测试和表 2-9 可以看出：当输出控制端 $\overline{OC}=0$ 和使能端 $EN=1$ 时，锁存器处于接收数据状态，输出端 $Q_7 \sim Q_0$ 随着输入端数据 $D_7 \sim D_0$ 的变化而变化。当 $\overline{OC}=0$，$EN=0$ 时，锁存器处于锁存状态，输出端的数据锁存不变。当 $\overline{OC}=1$ 时，锁存器的输出为高阻态。

任务 2.2　编码器功能的测试

项目任务单如下：

项目名称	项目 2　多路抢答器的设计与制作		
任务编号	2.2	任务名称	编码器的功能测试
任务内容	1. 使用数字电路综合实训箱设计、搭建电路，完成如下工作 （1）74LS148 逻辑功能测试 （2）74LS147 逻辑功能测试 （3）74LS148 功能扩展测试 步骤：按测试电路图接好电路；接通电源，改变输入电平，观察输出逻辑状态，记录测试结果 2. 撰写测试报告		
任务实施准备	综合实训箱；数字万用表；74LS148（两片）、74LS147、74LS04、CD4511、LC5011、74LS00 等芯片；电阻		
任务要求与考核标准	1. 测试任务准备：能正确查阅手册了解测试电路中集成电路的逻辑功能及其引脚图，了解各引脚的功能，掌握测试设备的使用方法 2. 电路的连接与调试：能根据测试电路接好电路图，进行电路的调试及故障的处理 3. 测试结果记录及分析：能正确记录测试结果，并根据测试结果进行电路的功能分析 4. 测试报告：能规范撰写测试报告		

1. 编码器（Encoder）

为了区分一系列不同的事物，将其中的每个事物用一个代码来表示，这就是编码的含义。在数字电路中，信号都是以高、低电平的形式给出的，因此，编码器的逻辑功能就是把多输入端中某输入端上得到有效电平时的状态编成一个对应的二进制代码。通常使用的编码器有二进制编码器（如 74LS148）、8421BCD 码的二-十进制编码器（如 74LS147）、优先编码器等。

2. 二进制编码器

用 n 位二进制代码对 2^n 个信号进行编码的电路，称为二进制编码器。编码器在任何时刻只能对一个输入信号进行编码，不允许有两个或两个以上的输入信号同时请求编码，否则输出编码器会发生混乱。某一普通编码器电路有 8 个输入端，且输入为高电平有效，每个时刻仅有 1 个输入端为高电平，可见输入共有 8 种组合，可以用 3 位二进制数来分别表示输入端的 8 种情况，也就是把每一种输入情况编成一个与之对应的 3 位二进制数，这就是 3 位二进制编码器。图 2-28a 为 3 位二进制编码器的框图。

根据上面的分析可列出表 2-10 所示的功能真值表。由真值表可写出输出与输入的函数表达式：

$$Y_2 = I_4 + I_5 + I_6 + I_7$$
$$Y_1 = I_2 + I_3 + I_6 + I_7$$
$$Y_0 = I_1 + I_3 + I_5 + I_7$$

表 2-10　普通 3 位二进制编码器功能真值表

I_0	I_1	I_2	I_3	I_4	I_5	I_6	I_7	Y_2	Y_1	Y_0
1	0	0	0	0	0	0	0	0	0	0
0	1	0	0	0	0	0	0	0	0	1
0	0	1	0	0	0	0	0	0	1	0
0	0	0	1	0	0	0	0	0	1	1
0	0	0	0	1	0	0	0	1	0	0
0	0	0	0	0	1	0	0	1	0	1
0	0	0	0	0	0	1	0	1	1	0
0	0	0	0	0	0	0	1	1	1	1

根据表达式可得出用门电路构成的普通 3 位二进制编码器电路，如图 2-28b 所示。

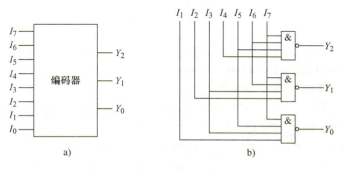

图 2-28　普通 3 位二进制编码器

3. 二-十进制编码器

将 0~9 十个十进制数转换为二进制代码的电路，称为二-十进制编码器。输入有 $I_0 \sim I_9$ 十个信号，输出有 Y_3、Y_2、Y_1、Y_0 4 位二进制代码。

4. 优先编码器（Priority Encoder）

在前面所讨论的编码器中，输入信号之间是相互排斥的，而优先编码器就允许同时输入数个编码信号，而电路只对其中优先级别最高的信号进行编码，而不会对级别低的信号编码，这样的电路称为优先编码器。常见的中规模集成优先编码器有 8 线-3 线优先编码器和 10 线-4 线 BCD 码优先编码器两种。

任务 2.2.1　二进制优先编码器功能测试

任务编号	CS2-6
任务名称	二进制优先编码器功能测试
任务要求	按测试程序要求完成所有测试内容，并撰写测试报告
测试设备	数字电路综合测试系统　　　　　　　　　　　　　（1套） 数字万用表　　　　　　　　　　　　　　　　　　（1块）
元器件	集成电路 74LS148（8 线-3 线优先编码器）　　　　（1块）
测试电路	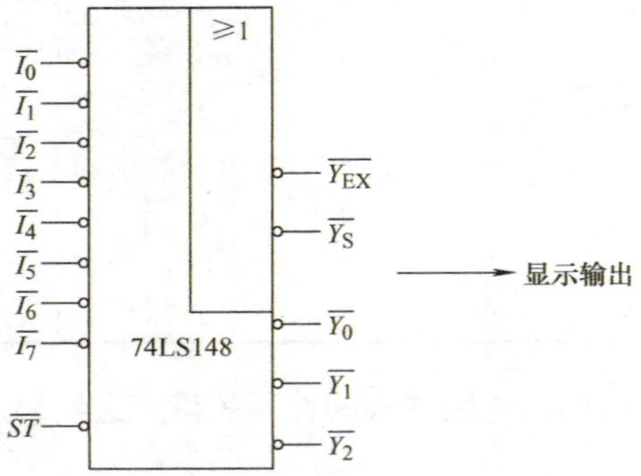 图 2-29　74LS148 功能测试电路
测试程序	1. 按图 2-29 接好测试电路 2. 检查接线无误后，打开电源 3. 将 $\overline{ST}$ 接高电平，改变输入端 $\overline{I_7} \sim \overline{I_0}$ 的状态，观察输出端 $\overline{Y_2} \sim \overline{Y_0}$、$\overline{Y_S}$ 和 $\overline{Y_{EX}}$ 状态的变化情况，并将观察结果记入表 2-11 中 　　结论：当 $\overline{ST}=1$ 时电路_____（工作/不工作），输出端 $\overline{Y_2} \sim \overline{Y_0}$、$\overline{Y_S}$ 和 $\overline{Y_{EX}}$ 同时为_____（高/低）电平 4. 将 $\overline{ST}$ 接低电平，输入端 $\overline{I_7} \sim \overline{I_0}$ 全部接高电平，观察输出端 $\overline{Y_2} \sim \overline{Y_0}$、$\overline{Y_S}$ 和 $\overline{Y_{EX}}$ 状态的变化情况，并将观察结果记入表 2-11 中 　　结论：电路的输入为_____（高/低）电平有效 5. 将 $\overline{ST}$ 接低电平，改变输入端 $\overline{I_7} \sim \overline{I_0}$ 的状态，观察输出端 $\overline{Y_2} \sim \overline{Y_0}$、$\overline{Y_S}$ 和 $\overline{Y_{EX}}$ 状态的变化情况，并将观察结果记入表 2-11 中

(续)

表 2-11　74LS148 功能真值测试表

$\overline{ST}$	$\overline{I_7}$	$\overline{I_6}$	$\overline{I_5}$	$\overline{I_4}$	$\overline{I_3}$	$\overline{I_2}$	$\overline{I_1}$	$\overline{I_0}$	$\overline{Y_2}$	$\overline{Y_1}$	$\overline{Y_0}$	$\overline{Y_{EX}}$	$\overline{Y_S}$

结论与思考

结论：当 $\overline{ST}$ = _____（0 或 1）时电路正常工作。此时，若输入端 $\overline{I_7}$ = 0，无论其他输入端有无输入信号，输出端只给出 $\overline{I_7}$ 的编码，即 $\overline{Y_2}\,\overline{Y_1}\,\overline{Y_0}$ = _____，可见与 $\overline{I_6} \sim \overline{I_0}$ 这 7 个输入端相比，$\overline{I_7}$ 的优先权更高；当 $\overline{I_7}$ = 1、$\overline{I_6}$ = 0 时，无论其他输入端有无输入信号，输出端只给出 $\overline{I_6}$ 的编码，即 $\overline{Y_2}\,\overline{Y_1}\,\overline{Y_0}$ = _____，可见与除 $\overline{I_7}$ 之外的 $\overline{I_5} \sim \overline{I_0}$ 这 6 个输入端相比，$\overline{I_6}$ 的优先权更高；其余输入端情况类似。根据测试结果不难总结出，在 74LS148 的各输入端中，_____ 的优先权最高，_____ 的优先权最低。根据测试结果，$\overline{Y_S}$ = 0 表示电路 _____（工作/不工作），_____（有/无）编码输入；$\overline{Y_{EX}}$ = 0 表示电路 _____（工作/不工作），_____（有/无）编码输入。测试结果中共出现了 _____ 次 $\overline{Y_2}\,\overline{Y_1}\,\overline{Y_0}$ = 111 的情况，_____（可以/不可以）用 $\overline{Y_S}$ 和 $\overline{Y_{EX}}$ 的不同状态加以区分

74LS148 为常见的 3 位二进制优先编码器。优先编码器 74LS148 的引脚排列及逻辑符号如图 2-30 所示。

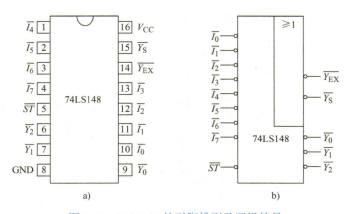

图 2-30　74LS148 的引脚排列及逻辑符号

根据测试结果，可知其功能真值表如表 2-12 所示。

表 2-12 74LS148 功能真值表

$\overline{ST}$	$\overline{I_7}$	$\overline{I_6}$	$\overline{I_5}$	$\overline{I_4}$	$\overline{I_3}$	$\overline{I_2}$	$\overline{I_1}$	$\overline{I_0}$	$\overline{Y_2}$	$\overline{Y_1}$	$\overline{Y_0}$	$\overline{Y_{EX}}$	$\overline{Y_S}$
1	×	×	×	×	×	×	×	×	1	1	1	1	1
0	1	1	1	1	1	1	1	1	1	1	1	1	0
0	0	×	×	×	×	×	×	×	0	0	0	0	1
0	1	0	×	×	×	×	×	×	0	0	1	0	1
0	1	1	0	×	×	×	×	×	0	1	0	0	1
0	1	1	1	0	×	×	×	×	0	1	1	0	1
0	1	1	1	1	0	×	×	×	1	0	0	0	1
0	1	1	1	1	1	0	×	×	1	0	1	0	1
0	1	1	1	1	1	1	0	×	1	1	0	0	1
0	1	1	1	1	1	1	1	0	1	1	1	0	1

任务 2.2.2 二–十进制优先编码器功能测试

任务编号	CS2 – 7	
任务名称	二–十进制优先编码器功能测试	
任务要求	按测试程序要求完成所有测试内容，并撰写测试报告	
测试设备	数字电路综合测试系统	（1 套）
	数字万用表	（1 块）
元器件	集成电路 74LS147（10 线–4 线优先编码器）	（1 块）
	集成电路 74LS04（非门）	（1 块）
	集成电路 CD4511（显示译码驱动器）	（1 块）
	共阴极 LED 数码管 LC5011	（1 个）
预备知识	二–十进制优先编码器 74LS147 的引脚排列及逻辑符号如图 2-31 所示 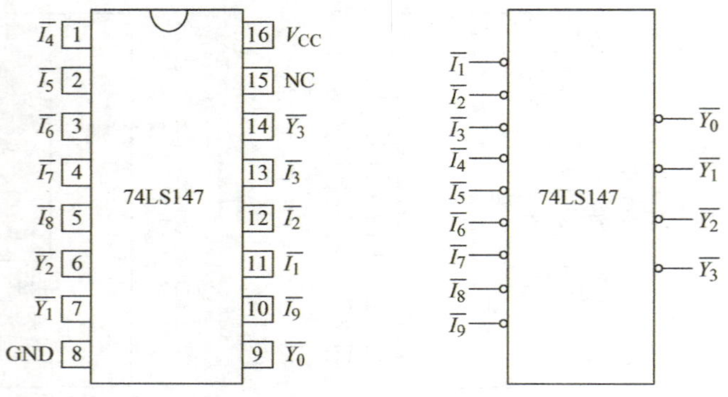 图 2-31 74LS147 的引脚排列及逻辑符号	

(续)

测试电路	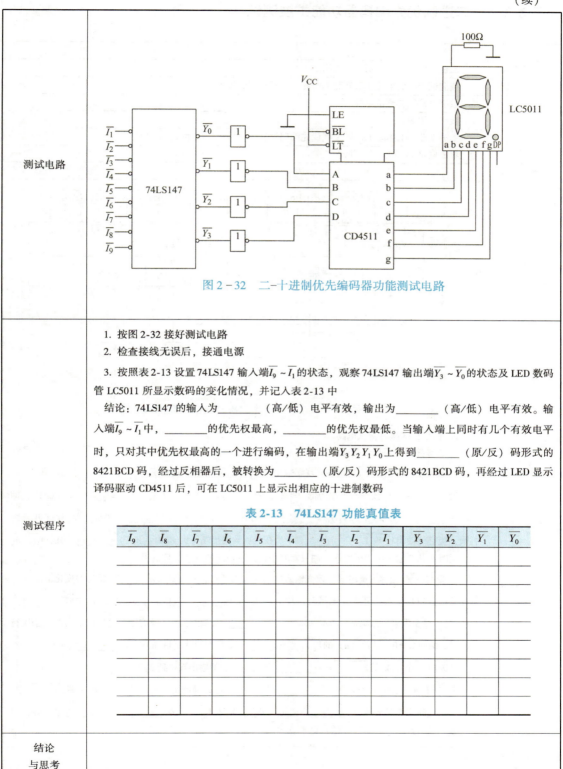 图 2-32 二-十进制优先编码器功能测试电路
测试程序	1. 按图2-32接好测试电路 2. 检查接线无误后,接通电源 3. 按照表2-13 设置74LS147 输入端$\overline{I_9} \sim \overline{I_1}$的状态,观察74LS147 输出端$\overline{Y_3} \sim \overline{Y_0}$的状态及 LED 数码管 LC5011 所显示数码的变化情况,并记入表2-13 中 　　结论:74LS147 的输入为_____（高/低）电平有效,输出为_____（高/低）电平有效。输入端$\overline{I_9} \sim \overline{I_1}$中,_____的优先权最高,_____的优先权最低。当输入端上同时有几个有效电平时,只对其中优先权最高的一个进行编码,在输出端$\overline{Y_3}\,\overline{Y_2}\,\overline{Y_1}\,\overline{Y_0}$上得到_____（原/反）码形式的 8421BCD 码,经过反相器后,被转换为_____（原/反）码形式的 8421BCD 码,再经过 LED 显示译码驱动 CD4511 后,可在 LC5011 上显示出相应的十进制数码 表 2-13　74LS147 功能真值表 | $\overline{I_9}$	$\overline{I_8}$	$\overline{I_7}$	$\overline{I_6}$	$\overline{I_5}$	$\overline{I_4}$	$\overline{I_3}$	$\overline{I_2}$	$\overline{I_1}$	$\overline{Y_3}$	$\overline{Y_2}$	$\overline{Y_1}$	$\overline{Y_0}$
---	---	---	---	---	---	---	---	---	---	---	---	---
结论与思考	

任务 2.2.3　二进制优先编码器功能扩展测试

任务编号	CS2－8
任务名称	二进制优先编码器功能扩展测试
任务要求	按测试程序要求完成所有测试内容，并撰写测试报告
测试设备	数字电路综合测试系统　　　　　　　　　　　　　　　　（1套） 数字万用表　　　　　　　　　　　　　　　　　　　　（1块）
元器件	集成电路 74LS148（8 线－3 线优先编码器）　　　　　　（2块） 集成电路 74LS00（与非门）　　　　　　　　　　　　　（1块）
预备知识	
测试电路	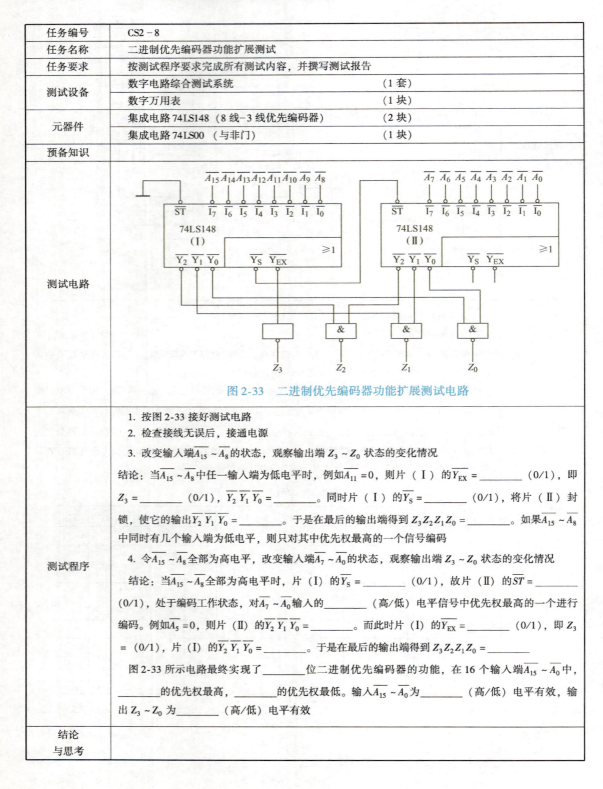 图 2-33　二进制优先编码器功能扩展测试电路
测试程序	1. 按图 2-33 接好测试电路 2. 检查接线无误后，接通电源 3. 改变输入端 $\overline{A_{15}} \sim \overline{A_8}$ 的状态，观察输出端 $Z_3 \sim Z_0$ 状态的变化情况 结论：当 $\overline{A_{15}} \sim \overline{A_8}$ 中任一输入端为低电平时，例如 $\overline{A_{11}}=0$，则片（I）的 $\overline{Y_{EX}}=$ _____（0/1），即 $Z_3=$ _____（0/1），$\overline{Y_2}\,\overline{Y_1}\,\overline{Y_0}=$ _____。同时片（I）的 $\overline{Y_S}=$ _____（0/1），将片（II）封锁，使它的输出 $\overline{Y_2}\,\overline{Y_1}\,\overline{Y_0}=$ _____。于是在最后的输出端得到 $Z_3 Z_2 Z_1 Z_0=$ _____。如果 $\overline{A_{15}} \sim \overline{A_8}$ 中同时有几个输入端为低电平，则只对其中优先权最高的一个信号编码 4. 令 $\overline{A_{15}} \sim \overline{A_8}$ 全部为高电平，改变输入端 $\overline{A_7} \sim \overline{A_0}$ 的状态，观察输出端 $Z_3 \sim Z_0$ 状态的变化情况 结论：当 $\overline{A_{15}} \sim \overline{A_8}$ 全部为高电平时，片（I）的 $\overline{Y_S}=$ _____（0/1），故片（II）的 $\overline{ST}=$ _____（0/1），处于编码工作状态，对 $\overline{A_7} \sim \overline{A_0}$ 输入的 _____（高/低）电平信号中优先权最高的一个进行编码。例如 $\overline{A_5}=0$，则片（II）的 $\overline{Y_2}\,\overline{Y_1}\,\overline{Y_0}=$ _____。而此时片（I）的 $\overline{Y_{EX}}=$ _____（0/1），即 Z_3 = (0/1)，片（I）的 $\overline{Y_2}\,\overline{Y_1}\,\overline{Y_0}=$ _____。于是在最后的输出端得到 $Z_3 Z_2 Z_1 Z_0=$ _____ 图 2-33 所示电路最终实现了 _____ 位二进制优先编码器的功能，在 16 个输入端 $\overline{A_{15}} \sim \overline{A_0}$ 中，_____ 的优先权最高，_____ 的优先权最低。输入 $\overline{A_{15}} \sim \overline{A_0}$ 为 _____（高/低）电平有效，输出 $Z_3 \sim Z_0$ 为 _____（高/低）电平有效
结论 与思考	

任务 2.3　译码器功能的测试

项目任务单如下:

项目名称	项目2　多路抢答器的设计与制作		
任务编号	2.3	任务名称	译码器的功能测试
任务内容	1. 使用数字电路综合实训箱设计、搭建电路,完成如下工作 (1) 显示译码器及 LED 数码管功能测试 (2) 74LS138 逻辑功能测试 (3) 74LS139 功能扩展测试 步骤:按测试电路图接好电路;接通电源,改变输入电平,观察输出逻辑状态,记录测试结果 2. 撰写测试报告		
任务实施准备	综合实训箱;数字万用表;CD4511、LC5011、74LS138、74LS139、74LS04、74LS00 等芯片		
任务要求与考核标准	1. 测试任务准备:能正确查阅手册了解测试电路中集成电路的逻辑功能及其引脚图,了解各引脚的功能,掌握测试设备的使用方法 2. 电路的连接与调试:能根据测试电路接好电路图,进行电路的调试及故障的处理 3. 测试结果记录及分析:能正确记录测试结果,并根据测试结果进行电路的功能分析 4. 测试报告:能规范撰写测试报告		

在数字系统中,经常需要将数字或运算结果显示出来,以便人们观测、查看。因此,数字显示电路是数字系统的重要组成部分。数字显示器是用来显示数字、文字和符号的器件,常用的有半导体发光二极管 LED 和液晶显示 LCD 等。

1. LED 显示器的概念

通过发光二极管芯片的适当连接(包括串联和并联)和适当的光学结构,可构成发光显示器的发光段或发光点。由这些发光段或发光点可以组成数码管、符号管、米字管、矩阵管、电平显示器管等。通常把数码管、符号管、米字管共称笔画显示器,而把笔画显示器和矩阵管统称为字符显示器。

2. LED 显示器的分类

1) 按字高分:笔画显示器字高最低有 1mm(单片集成式多位数码管字高一般为 2~3mm),其他类型笔画显示器字高最高可达 12.7mm(0.5in)甚至达数百毫米。

2) 按颜色分有红、橙、黄、绿等数种。

3) 按结构分有反射罩式、单条七段式及单片集成式。

4) 从各发光段电极连接方式分有共阳极和共阴极两种。

● 所谓共阳极方式是指笔画显示器各段发光管的阳极(即 P 区)是公共的(通常与高

电平相连），而阴极互相隔离。当阴极接低电平时，对应的发光二极管导通发光；当译码器输出低电平时，需选用共阳接法的数码显示器。

• 所谓共阴极方式是笔画显示器各段发光管的阴极（即 N 区）是公共的（通常接地），而阳极是互相隔离的。当阳极接高电平时，对应的发光二极管导通发光。当译码器输出高电平时，需选用共阴接法的数码显示器。

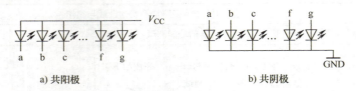

图 2-34　LED 显示器的共阳极和共阴极连接方式

3. 常用 LED 显示器

图 2-35 是共阴极 LED 数码管 LC5011 的引脚图及逻辑符号。

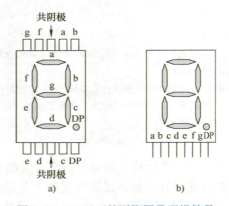

图 2-35　LC5011 的引脚图及逻辑符号

LC5011 是一种常用的共阴极 LED 数码管，可用来显示 0~9 的一位十进制字符。使用中，为限制电流，应在阴极公共端与地线之间串接一个 100Ω 电阻。在实际应用中，为保证每段笔画亮度均匀，通常在每个输出端都串接一个限流电阻。

4. 译码器

译码器的功能是将二进制代码所代表的特定对象还原出来的组合逻辑电路，是编码的反过程。根据译码对象的不同，可以分成二进制译码器（变量译码器）和二-十进制译码器（码制变换译码器、显示译码器等）。

任务 2.3.1　显示译码器及 LED 数码管功能测试

任务编号	CS2-9
任务名称	显示译码器及 LED 数码管功能测试
任务要求	按测试程序要求完成所有测试内容，并撰写测试报告

(续)

测试设备	数字电路综合测试系统　　　　　　　　　　　　　　　（1套）
	数字万用表　　　　　　　　　　　　　　　　　　　　　（1块）
元器件	集成电路 CD4511（显示译码器）　　　　　　　　　　　（1块）
	数码管 LC5011　　　　　　　　　　　　　　　　　　　（1个）
测试电路	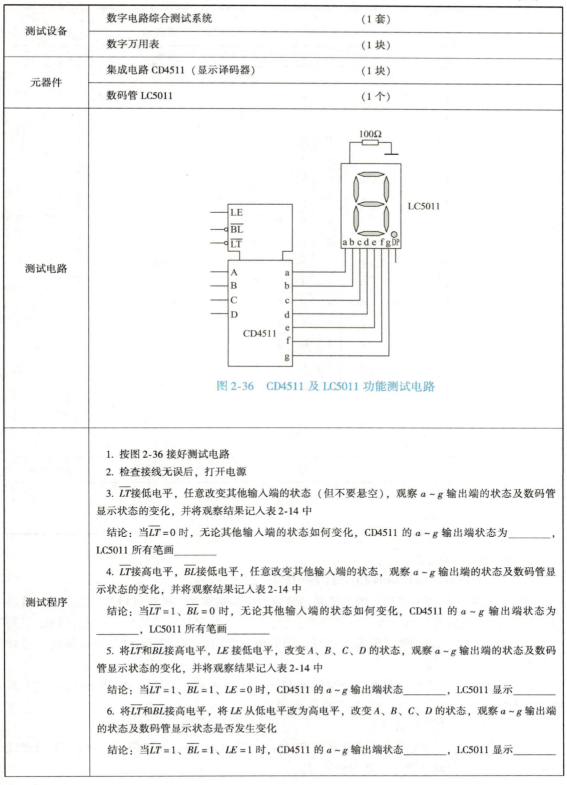 图 2-36　CD4511 及 LC5011 功能测试电路
测试程序	1. 按图 2-36 接好测试电路 2. 检查接线无误后，打开电源 3. $\overline{LT}$ 接低电平，任意改变其他输入端的状态（但不要悬空），观察 $a \sim g$ 输出端的状态及数码管显示状态的变化，并将观察结果记入表 2-14 中 结论：当 $\overline{LT}=0$ 时，无论其他输入端的状态如何变化，CD4511 的 $a \sim g$ 输出端状态为＿＿＿＿，LC5011 所有笔画＿＿＿＿ 4. $\overline{LT}$ 接高电平，$\overline{BL}$ 接低电平，任意改变其他输入端的状态，观察 $a \sim g$ 输出端的状态及数码管显示状态的变化，并将观察结果记入表 2-14 中 结论：当 $\overline{LT}=1$、$\overline{BL}=0$ 时，无论其他输入端的状态如何变化，CD4511 的 $a \sim g$ 输出端状态为＿＿＿＿，LC5011 所有笔画＿＿＿＿ 5. 将 $\overline{LT}$ 和 $\overline{BL}$ 接高电平，LE 接低电平，改变 A、B、C、D 的状态，观察 $a \sim g$ 输出端的状态及数码管显示状态的变化，并将观察结果记入表 2-14 中 结论：当 $\overline{LT}=1$、$\overline{BL}=1$、$LE=0$ 时，CD4511 的 $a \sim g$ 输出端状态＿＿＿＿，LC5011 显示＿＿＿＿ 6. 将 $\overline{LT}$ 和 $\overline{BL}$ 接高电平，将 LE 从低电平改为高电平，改变 A、B、C、D 的状态，观察 $a \sim g$ 输出端的状态及数码管显示状态是否发生变化 结论：当 $\overline{LT}=1$、$\overline{BL}=1$、$LE=1$ 时，CD4511 的 $a \sim g$ 输出端状态＿＿＿＿，LC5011 显示＿＿＿＿

(续)

表 2-14　CD4511 及 LC5011 功能测试

	$\overline{LT}$	$\overline{BL}$	LE	D	C	B	A	a	b	c	d	e	f	g	数码管显示
测试程序	0	×	×	×	×	×	×								
	1	0	×	×	×	×	×								
	1	1	0	0	0	0	0								
	1	1	0	0	0	0	1								
	1	1	0	0	0	1	0								
	1	1	0	0	0	1	1								
	1	1	0	0	1	0	0								
	1	1	0	0	1	0	1								
	1	1	0	0	1	1	0								
	1	1	0	0	1	1	1								
	1	1	0	1	0	0	0								
	1	1	0	1	0	0	1								
	1	1	0	1	0	1	0								
	1	1	0	1	0	1	1								
	1	1	0	1	1	0	0								
	1	1	0	1	1	0	1								
	1	1	0	1	1	1	0								
	1	1	0	1	1	1	1								
	1	1	1	×	×	×	×								
结论与体会															

下面介绍显示译码器。

图 2-37 是 LED 显示译码器 CD4511 的引脚图及逻辑符号。

显示译码器的作用是将输入的二进制码转换为能控制发光二极管（LED）显示器、液晶（LCD）显示器及荧光数码管等显示器件的信号，以实现数字及符号的显示。由于 LED 点亮电流较大，LED 显示译码器通常需要具有一定的电流驱动能力，所以 LED 显示译码器通常又称为显示译码驱动器。

常见的显示译码器分为两类，分别是 4000 系列 CMOS 数字电路（如 CD4511）和 74 系列 TTL 数字电路。其中 4000 系列工作电压范围较宽，可在 3～18V 间选择；74 系列工作电压为（5±0.5）V，要求比较严格。

对于共阴极接法的数码管，可以采用 CD4511、74HC48 等七段译码/驱动器。下面就以 CD4511 为例说明集成译码显示器的使用方法。

项目2 多路抢答器的设计与制作

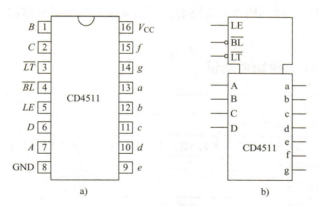

图 2-37 CD4511 的引脚图及逻辑符号

（1）CD4511 引脚功能

CD4511 可提供 4 位数据锁存、8421BCD 码到 7 段显示控制码译码及输出驱动等功能，各引脚功能说明如下：

$\overline{LT}$：试灯极，低电平有效，当其为低电平时，与 CD4511 相连的显示器所有笔画全部亮，如不亮，则表示该笔画可能有故障；

$\overline{BL}$：灭灯极，低电平有效，当其为低电平时，所有笔画熄灭；

LE：锁存极，当其为低电平时，CD4511 的输出与输入的信号有关，当其为高电平时，CD4511 的输出仅与该端为高电平前的状态有关，并且无论输入信号如何变化，输出保持不变；

D、C、B、A 为 8421BCD 码输入端，其中 D 输入端对应数码的最高位，A 输入端对应最低位；$a \sim g$ 为输出端。

（2）CD4511 功能真值表

CD4511 功能真值表如表 2-15 所示。

表 2-15 CD4511 功能真值表

$\overline{LT}$	$\overline{BL}$	LE	D	C	B	A	a	b	c	d	e	f	g
1	1	0	0	0	0	0	1	1	1	1	1	1	0
1	1	0	0	0	0	1	0	1	1	0	0	0	0
1	1	0	0	0	1	0	1	1	0	1	1	0	1
1	1	0	0	0	1	1	1	1	1	1	0	0	1
1	1	0	0	1	0	0	0	1	1	0	0	1	1
1	1	0	0	1	0	1	1	0	1	1	0	1	1
1	1	0	0	1	1	0	0	0	1	1	1	1	1
1	1	0	0	1	1	1	1	1	1	0	0	0	0
1	1	0	1	0	0	0	1	1	1	1	1	1	1
1	1	0	1	0	0	1	1	1	1	0	0	1	1
0	×	×	×	×	×	×	1	1	1	1	1	1	1
1	0	×	×	×	×	×	0	0	0	0	0	0	0
1	1	1	×	×	×	×				*			

注：× 表示状态可以是 0 也可以是 1；* 表示状态锁定在 LE = 0 时的输出状态。

在为半导体数码管选择译码驱动电路时，还需要注意根据半导体数码管工作电流的要求来选择适当的限流电阻。

任务 2.3.2　变量译码器功能测试

任务编号	CS2-10
任务名称	变量译码器功能测试
任务要求	按测试程序要求完成所有测试内容，并撰写测试报告（格式要求见附录 A）
测试设备	数字电路综合测试系统　　　　　　　　　　　　（1 套） 数字万用表　　　　　　　　　　　　　　　　（1 块）
元器件	集成电路 74LS138（3 线-8 线变量译码器）　　（1 块）
测试电路	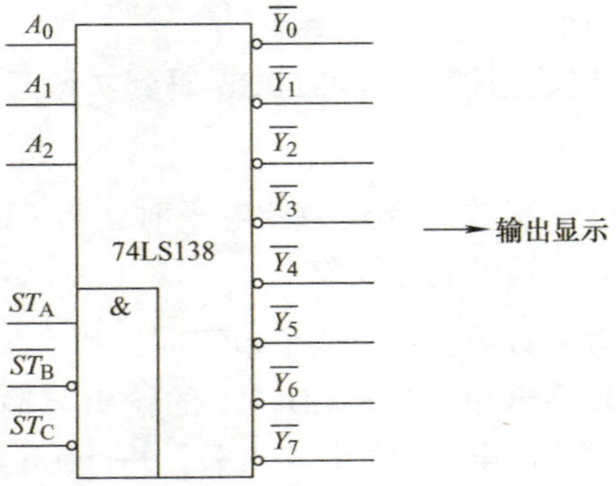 图 2-38　74LS138 逻辑功能测试电路
测试程序	1. 按图 2-38 接好电路（16 脚接 +5V，8 脚接地） 2. 检查接线无误后，打开电源 3. 将 ST_A 接低电平，任意改变其他输入端状态，观察 $\overline{Y_0} \sim \overline{Y_7}$ 输出端状态的变化情况，并将观察结果记入表 2-16 中 结论：当 $ST_A = 0$ 时，输出 $\overline{Y_0} \sim \overline{Y_7}$ 的状态为全_____（0 或 1），电路_____（工作/不工作） 4. 将 $\overline{ST_B}$、$\overline{ST_C}$ 中的任意一个接高电平（即令 $\overline{ST_B} + \overline{ST_C} = 1$），任意改变其他输入端状态，观察 $\overline{Y_0} \sim \overline{Y_7}$ 输出端状态的变化情况，并将观察结果记入表 2-16 中 结论：当 $\overline{ST_B} + \overline{ST_C} = 1$ 时，输出 $\overline{Y_0} \sim \overline{Y_7}$ 的状态为全_____（0 或 1），电路_____（工作/不工作） 5. 将 ST_A 接高电平，$\overline{ST_B}$、$\overline{ST_C}$ 同时接低电平（即令 $\overline{ST_B} + \overline{ST_C} = 0$），改变输入端 A_2、A_1、A_0 的状态，观察 $\overline{Y_0} \sim \overline{Y_7}$ 输出端状态的变化情况，并将观察结果记入表 2-16 中 结论：要保证 74LS138 正常工作，实现用较少的信号控制较多开关的功能，需要同时满足 $ST_A =$ _____、$\overline{ST_B} =$ _____、$\overline{ST_C} =$ _____ 的条件。当它正常工作时，三个输入端 A_2、A_1、A_0 上可以组合产生_____种不同代码，74LS138 将每一种输入代码译成 $\overline{Y_0} \sim \overline{Y_7}$ 中对应输出端上的_____（低/高）电平信号，因此可称其输出为"_____（低/高）电平有效"，与该输出端相连的发光二极管_____（点亮/熄灭）

(续)

表 2-16　74LS138 逻辑功能测试

	输　入					输　出							
	ST_A	$\overline{ST_B}+\overline{ST_C}$	A_2	A_1	A_0	$\overline{Y_0}$	$\overline{Y_1}$	$\overline{Y_2}$	$\overline{Y_3}$	$\overline{Y_4}$	$\overline{Y_5}$	$\overline{Y_6}$	$\overline{Y_7}$
测试程序	0	×	×	×	×								
	×	1	×	×	×								
	1	0	0	0	0								
	1	0	0	0	1								
	1	0	0	1	0								
	1	0	0	1	1								
	1	0	1	0	0								
	1	0	1	0	1								
	1	0	1	1	0								
	1	0	1	1	1								
结论与体会													

变量译码器的逻辑功能是将每个输入的二进制代码译成对应的输出高、低电平信号，常用的变量译码器有二进制译码器（又称 2^n 译码器）和二-十进制译码器（又称 8421BCD 译码器）两种。

1. 二进制译码器

二进制变量译码器是使用最为广泛的一种将 n 个输入变为 2^n 个输出的多输出端组合逻辑电路，每个输出端对应于一个最小项表达式（或最小项表达式的"非"表达式），因此又可以称为最小项译码器、最小项发生器电路。

常见的变量译码器还有 2 位二进制、3 位二进制、4 位二进制等几种。图 2-39 为 3 位二进制译码器的框图。输入的 3 位二进制代码共有 8 种状态，译码器将每个输入代码译成对应的一根输出线上的高电平（图 2-39a）或低电平（图 2-39b）信号，因此也把这个译码器称为 3 线-8 线译码器。

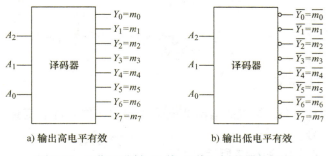

图 2-39　3 位二进制（3 线-8 线）译码器的框图

2. 使能端

在中规模集成电路中，经常会碰到"使能端"，它可以用来控制电路的工作状态，或利用它在多个芯片中选择一部分芯片工作，因此有时又称其为"片选"输入端。图 2-40 是在一个输出高电平有效的 2 位二进制变量译码器上增加了一个输入端 EN。当 $EN=0$ 时，三输入与非门 $G_3 \sim G_0$ 的输出全部为 0，即输出端没有一个处于有效工作状态，可以理解为 $EN=0$ 时，该译码器不工作；当 $EN=1$ 时，三输入与非门 $G_3 \sim G_0$ 的输出仅与其他两个输入端有关，译码器可以正常工作。通常把这种在 $EN=1$ 时正常工作的电路称为"使能端高电平有效"。而在图 2-41 中，$\overline{EN}=0$ 时电路处于工作状态，故称这个电路为"使能端低电平有效"。

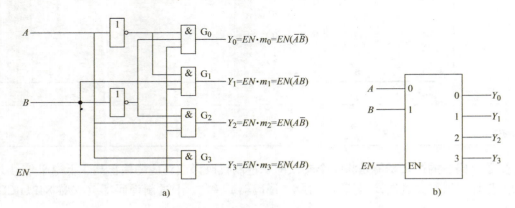

图 2-40 使能端高电平有效的译码器及其逻辑符号

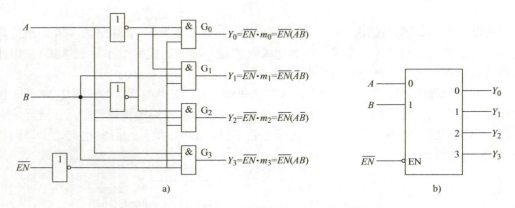

图 2-41 使能端低电平有效的译码器及其逻辑符号

3. 变量译码器 74LS138

74LS138 是用 TTL 与非门组成的输出低电平有效的 3 位二进制变量译码器，图 2-42 是其引脚排列及逻辑符号。

74LS138 功能真值表如表 2-17 所示。

项目2 多路抢答器的设计与制作

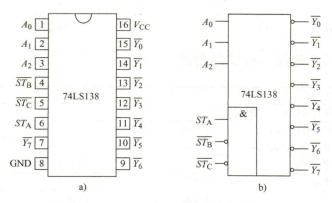

图 2-42　74LS138 引脚排列及逻辑符号

表 2-17　74LS138 功能真值表

输入					输出							
ST_A	$\overline{ST_B}+\overline{ST_C}$	A_2	A_1	A_0	$\overline{Y_0}$	$\overline{Y_1}$	$\overline{Y_2}$	$\overline{Y_3}$	$\overline{Y_4}$	$\overline{Y_5}$	$\overline{Y_6}$	$\overline{Y_7}$
0	×	×	×	×	1	1	1	1	1	1	1	1
×	1	×	×	×	1	1	1	1	1	1	1	1
1	0	0	0	0	0	1	1	1	1	1	1	1
1	0	0	0	1	1	0	1	1	1	1	1	1
1	0	0	1	0	1	1	0	1	1	1	1	1
1	0	0	1	1	1	1	1	0	1	1	1	1
1	0	1	0	0	1	1	1	1	0	1	1	1
1	0	1	0	1	1	1	1	1	1	0	1	1
1	0	1	1	0	1	1	1	1	1	1	0	1
1	0	1	1	1	1	1	1	1	1	1	1	0

74LS138 有三个附加的使能端 ST_A、$\overline{ST_B}$ 和 $\overline{ST_C}$。当 $ST_A=1$ 且 $\overline{ST_B}+\overline{ST_C}=0$ 时，译码器处于工作状态；否则译码器被禁止，所有的输出端被封锁在高电平。利用使能端片选的作用可以将多块芯片连接起来，以扩展译码器的功能。

A_2、A_1 和 A_0 称为地址输入端，其中，A_2 为最高位，A_0 为最低位。

当 $ST_A=1$ 且 $\overline{ST_B}+\overline{ST_C}=0$ 时，由表 2-17 可得各输出的表达式：

$$\begin{cases} \overline{Y_0}=\overline{\overline{A_2}\,\overline{A_1}\,\overline{A_0}}=\overline{m_0} \\ \overline{Y_1}=\overline{\overline{A_2}\,\overline{A_1}\,A_0}=\overline{m_1} \\ \overline{Y_2}=\overline{\overline{A_2}\,A_1\,\overline{A_0}}=\overline{m_2} \\ \overline{Y_3}=\overline{\overline{A_2}\,A_1\,A_0}=\overline{m_3} \\ \overline{Y_4}=\overline{A_2\,\overline{A_1}\,\overline{A_0}}=\overline{m_4} \\ \overline{Y_5}=\overline{A_2\,\overline{A_1}\,A_0}=\overline{m_5} \\ \overline{Y_6}=\overline{A_2\,A_1\,\overline{A_0}}=\overline{m_6} \\ \overline{Y_7}=\overline{A_2\,A_1\,A_0}=\overline{m_7} \end{cases}$$

由上式可以看出，$\overline{Y_0} \sim \overline{Y_7}$ 恰好为 A_2、A_1 和 A_0 这三个变量的全部最小项"非"的形式。

任务 2.3.3　变量译码器功能扩展测试

任务编号	CS2-11	
任务名称	变量译码器功能扩展测试	
任务要求	按测试程序要求完成所有测试内容，并撰写测试报告	
测试设备	数字电路综合测试系统	(1 套)
	数字万用表	(1 块)
元器件	集成电路 74LS139（3 线-8 线变量译码器）	(2 块)
	集成电路 74LS04（非门）或 74LS00（与非门）	(1 块)
预备知识	译码器 74LS139 片内集成了 2 个 2 线-4 线译码器，它们分别有独自的使能端，其使能端为低电平有效。表 2-18 是 74LS139 的功能真值表。图 2-43 为 74LS139 的引脚排列及逻辑符号 图 2-43　74LS139 引脚排列及逻辑符号 表 2-18　74LS139 功能真值表 | A_1 | A_0 | $\overline{Y_0}$ | $\overline{Y_1}$ | $\overline{Y_2}$ | $\overline{Y_3}$ | |---|---|---|---|---|---| | × | × | 1 | 1 | 1 | 1 | | 0 | 0 | 0 | 1 | 1 | 1 | | 0 | 1 | 1 | 0 | 1 | 1 | | 1 | 0 | 1 | 1 | 0 | 1 | | 1 | 1 | 1 | 1 | 1 | 0 |	
测试电路	图 2-44　74LS139 功能扩展电路图	

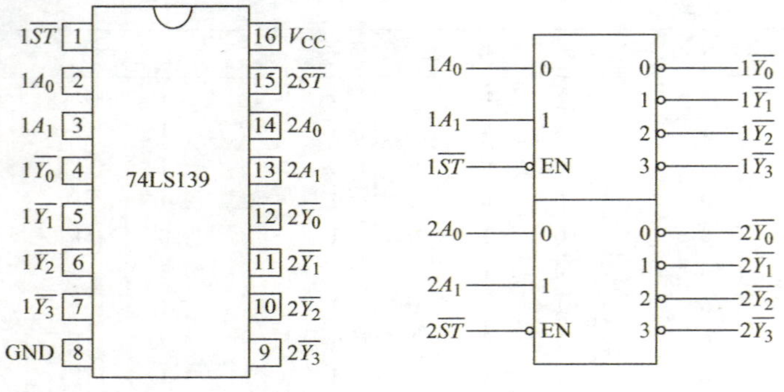

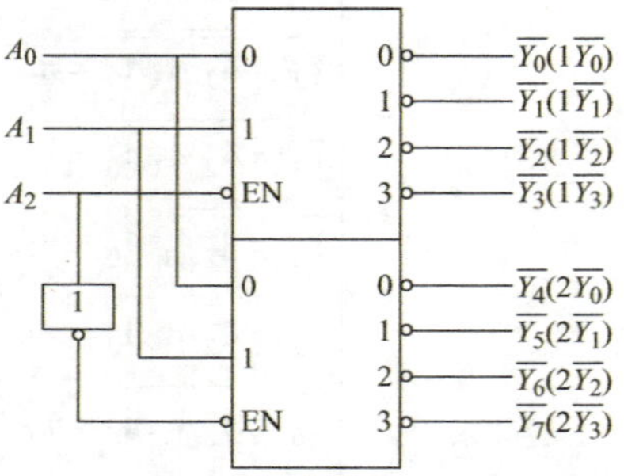

(续)

| | 1. 按图 2-44 接好电路（16 脚接 +5V，8 脚接地）
2. 检查接线无误后，打开电源
3. 按表 2-19 测试，测试结果填入表中 |
|---|---|
| 测试程序 | 表 2-19　74LS139 扩展为 3 线-8 线译码器功能真值表

A_2	A_1	A_0	$\overline{Y_0}$	$\overline{Y_1}$	$\overline{Y_2}$	$\overline{Y_3}$	$\overline{Y_4}$	$\overline{Y_5}$	$\overline{Y_6}$	$\overline{Y_7}$
0	0	0								
0	0	1								
0	1	0								
0	1	1								
1	0	0								
1	0	1								
1	1	0								
1	1	1								

结论：根据测试数值可以看出，通过 2 线-4 线译码器的使能端（EN）及简单的门电路的合理连接，将两个 2 线-4 线译码器扩展成了_____线译码器。 |
| 想一想 | |

1. 功能扩展

利用译码器的使能端，可以扩展译码器输入的变量数，任务 2.3.3 所示的电路中，将 74LS139 中的两个 2 线-4 线译码器扩展成了一个 3 线-8 线译码器。我们也可以用两片 74LS138，将两个 3 线-8 线译码器扩展成一个 4 线-16 线译码器，这个由同学们课后思考。

2. 使用变量译码器实现组合逻辑函数功能

任意组合逻辑函数都可以用标准"与或"式（即最小项之和）的形式来表示，而根据前面所学到的知识，若变量译码器输出为高电平有效，则每个输出端对应于一个最小项；若输出为低电平有效，则每个输出端对应于一个最小项的"非"逻辑。因此，利用门电路对变量译码器的输出端进行适当的运算，就可以得到所需的组合逻辑函数。

以 74LS138 为例，它的输出为低电平有效，也就是说，74LS138 的每个输出对应于 A_2、A_1 和 A_0 这三个输入的最小项的"非"逻辑。根据反演律，最小项之和形式的表达式可以很容易地转换为最小项"非"之积的形式，例如：

$$F(A_2,A_1,A_0) = \sum m(0,2,4,7) = \overline{m_0 + m_2 + m_4 + m_7} = \overline{\overline{m_0} \cdot \overline{m_2} \cdot \overline{m_4} \cdot \overline{m_7}}$$

因此，只需要将 74LS138 的 $\overline{Y_0}$、$\overline{Y_2}$、$\overline{Y_4}$ 和 $\overline{Y_7}$ 这四个输出端送入一个 4 输入与非门中，就可以在与非门的输出端上得到 $F(A_2,A_1,A_0) = \sum m(0,2,4,7)$ 的组合逻辑函数。以此类推，74LS138 可以实现任意的 3 变量组合逻辑函数。

例如：使用 74LS138 及门电路设计一个全加器，该电路有 3 个输入端，其中 A、B 为本位的输入，另一个为前一位和的进位 C_{i-1}；输出有两个，一个为输入 A、B 两数之和 S，另一个为两数之和的进位 C_o。

全加器功能真值表如表 2-20 所示。

表 2-20 全加器功能真值表

A	B	C_{i-1}	S	C_o
0	0	0	0	0
0	0	1	1	0
0	1	0	1	0
0	1	1	0	1
1	0	0	1	0
1	0	1	0	1
1	1	0	0	1
1	1	1	1	1

由功能真值表可分别写出 S 和 C_o 的最小项表达式。由于 74LS138 的输出对应于输入的最小项的"非"逻辑，因此将其换为最小项"非"之积的形式。

$$S = \sum m(1,2,4,7) = \overline{\overline{m_1 + m_2 + m_4 + m_7}} = \overline{\overline{m_1} \cdot \overline{m_2} \cdot \overline{m_4} \cdot \overline{m_7}}$$

$$C_o = \sum m(3,5,6,7) = \overline{\overline{m_3 + m_5 + m_6 + m_7}} = \overline{\overline{m_3} \cdot \overline{m_5} \cdot \overline{m_6} \cdot \overline{m_7}}$$

由以上表达式可用 74LS138 及 4 输入与非门 74LS20 组成全加器，电路如图 2-45 所示。

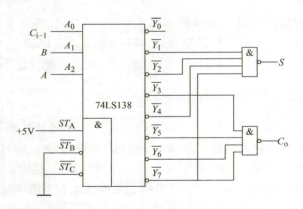

图 2-45 用 74LS138 及门电路设计全加器

3. 二-十进制译码（8421BCD 译码器）

二-十进制译码（8421BCD 译码器）也是一种较为常见的译码器电路，它的逻辑功能是将输入的 4 位 8421BCD 码的 10 个代码译成 10 个高、低电平输出信号。由于二-十进制译码器有 4 根输入线，10 根输出线，所以又称为 4 线-10 线译码器。

输出低电平有效的集成二-十进制译码器 74LS42 的引脚图和逻辑符号如图 2-46 所示。

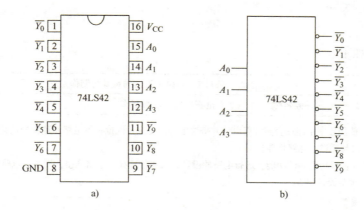

图 2-46　74LS42 的引脚图及逻辑符号

74LS42 的逻辑功能真值表如表 2-21 所示。

表 2-21　74LS42 逻辑功能真值表

序号	A_3	A_2	A_1	A_0	$\overline{Y_0}$	$\overline{Y_1}$	$\overline{Y_2}$	$\overline{Y_3}$	$\overline{Y_4}$	$\overline{Y_5}$	$\overline{Y_6}$	$\overline{Y_7}$	$\overline{Y_8}$	$\overline{Y_9}$
0	0	0	0	0	0	1	1	1	1	1	1	1	1	1
1	0	0	0	1	1	0	1	1	1	1	1	1	1	1
2	0	0	1	0	1	1	0	1	1	1	1	1	1	1
3	0	0	1	1	1	1	1	0	1	1	1	1	1	1
4	0	1	0	0	1	1	1	1	0	1	1	1	1	1
5	0	1	0	1	1	1	1	1	1	0	1	1	1	1
6	0	1	1	0	1	1	1	1	1	1	0	1	1	1
7	0	1	1	1	1	1	1	1	1	1	1	0	1	1
8	1	0	0	0	1	1	1	1	1	1	1	1	0	1
9	1	0	0	1	1	1	1	1	1	1	1	1	1	0
伪码	1	0	1	0	1	1	1	1	1	1	1	1	1	1
	1	0	1	1	1	1	1	1	1	1	1	1	1	1
	1	1	0	0	1	1	1	1	1	1	1	1	1	1
	1	1	0	1	1	1	1	1	1	1	1	1	1	1
	1	1	1	0	1	1	1	1	1	1	1	1	1	1
	1	1	1	1	1	1	1	1	1	1	1	1	1	1

由功能真值表可知，对于 8421BCD 码以外的伪码（即 1010 ~ 1111 这 6 个代码），$\overline{Y_0} \sim \overline{Y_9}$ 上均无低电平信号，即译码器拒绝"翻译"。

任务 2.4　8 人抢答器的设计与制作

项目任务单如下：

项目名称		项目 2　多路抢答器的设计与制作	
任务编号	2.4	任务名称	8 人抢答器的设计与制作
任务内容		1. 使用数字电路综合实训箱设计并搭建电路，完成 8 人抢答器电路原理图的设计、元器件选型、电路连接与调试、电路性能检测 步骤：分析电路的功能，进行电路的设计；元器件选择；电路连接、调试；电路性能检测 2. 撰写设计报告	
任务实施准备		数字万用表；各类芯片	
任务要求与考核标准		1. 总体方案选择：根据设计任务要求及性能指标，选择合适的设计方案，画出电路的总体方案原理图 2. 元器件的选择：根据设计任务要求及性能指标，选择合适的元器件，列出所用的元器件 3. 电路的连接与调试：能查阅手册正确使用集成电路进行电路的连接和调试，并能正确使用仪器进行电路的检测及电路故障的处理 4. 小组汇报和展示：小组汇报条理清晰，设计作品能实现设计功能 5. 设计报告：能规范撰写设计报告	

【设计案例】：4 人抢答器的设计

1. 设计功能指标

① 4 路开关输入；
② 稳定显示与输入开关编号相对应的数字 1~4；
③ 输出具有唯一性和时序第一的特征；
④ 一轮抢答完成后通过解锁电路进行解锁，准备进入下一轮抢答。

2. 任务要求

完成原理图设计、元器件选型、电路装接与调试、电路性能检测、设计文档编写（设计报告格式见附录 B，标准电路图样格式见附录 C）。

3. 设计内容（示例）

（1）电路设计及元器件选择

1）开关阵列电路的设计。图 2-47 所示为 4 路开关阵列电路，当任一开关按下时，对应输出为低电平，否则为高电平。

2）触发锁存电路的设计。图 2-48 所示为 4 路触发锁存电路，图中，74LS373 为 8D 锁存器，74LS20 为双 4 输入与非门，74LS04 为六反相器。开关阵列电路连接在锁存器 1D~4D

项目2　多路抢答器的设计与制作

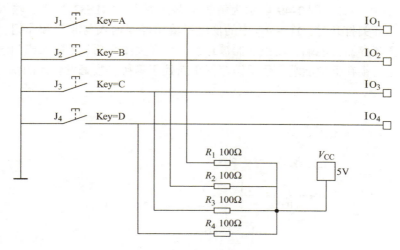

图 2-47　4 路开关阵列电路

输入端，当所有开关均未按下时，锁存器输出全为高电平，1Q～4Q 的输出经 4 输入与非门和非门后的反馈信号为高电平，作用于锁存器使能端，使锁存器处于等待接收触发输入的状态；当任一开关按下时，输出信号 1Q～4Q 中相应一路为低电平，则反馈信号变为低电平，作用于锁存器使能端，使锁存器被封锁，不再继续接收触发输入，输出保持在封锁前的状态。

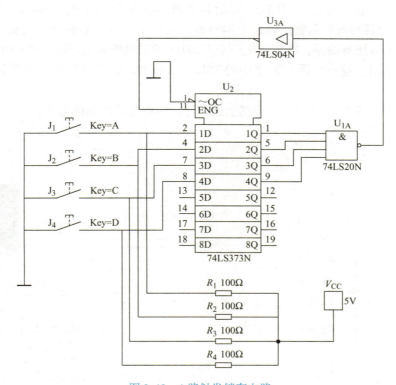

图 2-48　4 路触发锁存电路

3）解锁电路的设计。图 2-49 所示为解锁电路，图中，74LS32 为四 2 输入或门，开关为常开开关。当开关打开时，1Q～4Q 中的低电平输出经 4 输入与非门和非门，再经过 2 输入或门后反馈至锁存器使能端，使锁存器被封锁；当开关闭合后，2 输入或门的输出被强制设为高电平，送至锁存器使能端，使得锁存器重新处于等待接收触发输入的状态。

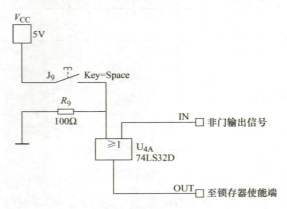

图 2-49　解锁电路

4）编码电路的设计。图 2-50 所示为编码电路，图中，74LS147 为二-十进制优先编码器，当任意输入为低电平时，输出为相应输入编号的 8421BCD 码的反码，再经非门后被转换为 8421BCD 码。

5）译码显示电路的设计。图 2-51 所示为译码显示电路，图中，CD4511 为显示译码驱动器，LC5011 为共阴极数码管。输入的 8421BCD 码经显示译码后驱动数码管，显示相应的十进制数码。值得注意的是，在实际电路中 LC5011 的公共电阻 R_1 通常取 100Ω，而在 Multisim 软件中仿真时，这一电阻应取稍小的 75Ω，以提供足够的电流来驱动数码管，保证仿真结果的正确。

6）4 人抢答器总体电路设计。根据上述设计，可得抢答器总体电路，如图 2-52 所示。

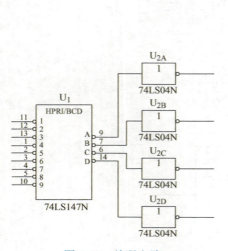

图 2-50　编码电路

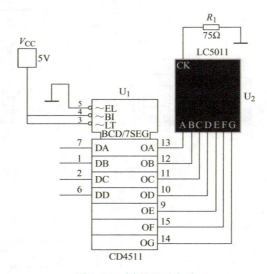

图 2-51　译码显示电路

项目2 多路抢答器的设计与制作

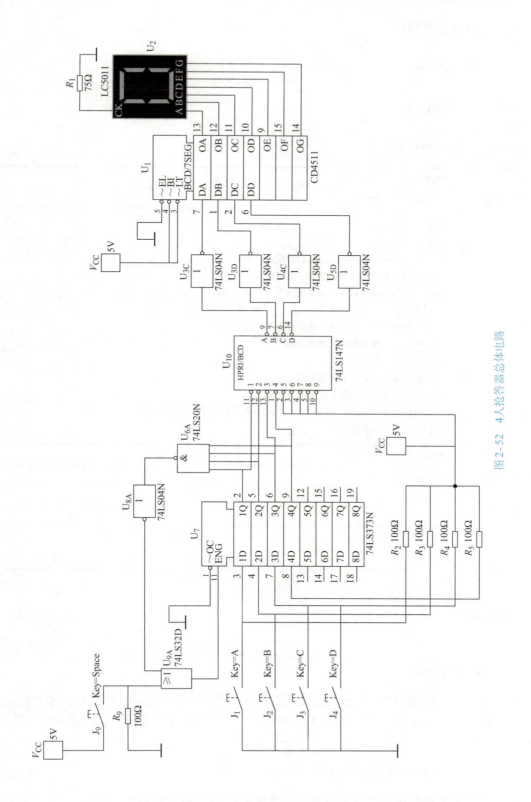

图2-52 4人抢答器总体电路

(2) 电路装接与调试

略。

(3) 电路性能检测

略。

(4) 设计文档编写

略。

8 人抢答器的设计与制作:

任务编号	SJ2-1
任务名称	8 人抢答器的设计与制作
任务要求	1. 设计功能指标 (1) 8 路开关输入 (2) 稳定显示与输入开关编号相对应的数字 1~8 (3) 输出具有唯一性和时序第一的特征 (4) 一轮抢答完成后通过解锁电路进行解锁,准备进入下一轮抢答 2. 任务要求 (1) 绘制 8 人抢答器原理图或直接绘制仿真电路图 (2) 列出 8 人抢答器的元器件清单 (3) 对电路进行仿真调试 (4) 绘制 8 人抢答器的印制板图 (5) 完成电路的焊接与装配 (6) 写出 8 人抢答器的调试要求,并按步骤对 8 人抢答器进行调测 (7) 完成设计文档的编写
测试设备	数字电路综合测试系统　　　　　　　　　　　(1 套) 数字万用表　　　　　　　　　　　　　　　　(1 块)
设计步骤	
结论与体会	

【知识拓展】

一、数据选择器

在多路数据传送过程中,能够根据需要选择其中任意一路作为输出的电路,称为数据选择器,也称为多路选择器,其作用相当于多路开关。常见的数据选择器有四选一、八选一、十六选一电路。

1. 数据选择器的功能及工作原理

数据选择器的基本功能相当于一个单刀多掷的选择开关,如图 2-53 所示。通过开关的转换（由选择输入信号 A_1、A_0 控制），选择输入信号 D_0、D_1、D_2、D_3 中的一个信号传送到输出端。

选择输入信号 A_1、A_0 又称地址控制信号或地址输入信号。如果有两个地址输入信号和 4 个数据输入信号，就称为四选一数据传送器，其输出信号为

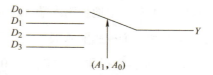

图 2-53 数据选择器原理框图

$$Y = (\overline{A_1}\,\overline{A_0})D_0 + (\overline{A_1}A_0)D_1 + (A_1\overline{A_0})D_2 + (A_1A_0)D_3$$

由上式可知，对于 A_1A_0 的不同取值，Y 只能等于 $D_0 \sim D_3$ 中唯一的一个。例如，A_1A_0 为 00 时，则 D_0 信号被选通到 Y 端；A_1A_0 为 11 时，D_3 被选通。

如果有三个地址输入信号，可以有 8 个数据输入信号，就称为八选一数据选择器，或者八路数据选择器。

需要注意的是，数据选择器和 CMOS 传输门（模拟开关）的本质区别在于前者只能传输数字信号，而后者还可以传输单极性或双极性的模拟信号。

2. 八选一数据选择器

74HC151 是一种有互补输出的 8 路数据选择器，其逻辑框符号如图 2-54 所示，真值表如表 2-22 所示。

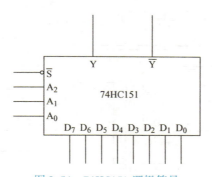

图 2-54 74HC151 逻辑符号

表 2-22 74HC151 真值表

使能	输入			输出	
$\overline{S}$	A_2	A_1	A_0	Y	$\overline{Y}$
1	×	×	×	0	1
0	0	0	0	D_0	$\overline{D}_0$
0	0	0	1	D_1	$\overline{D}_1$
0	0	1	0	D_2	$\overline{D}_2$
0	0	1	1	D_3	$\overline{D}_3$
0	1	0	0	D_4	$\overline{D}_4$
0	1	0	1	D_5	$\overline{D}_5$
0	1	1	0	D_6	$\overline{D}_6$
0	1	1	1	D_7	$\overline{D}_7$

74HC151 有三个地址输入端 A_2、A_1、A_0，8 个数据输入端 $D_0 \sim D_7$，两个互补输出的数据输出端 Y 和一个控制输入端 $\overline{S}$。

当 $\overline{S}=1$ 时，选择器不工作，$Y=0$，$\overline{Y}=1$。

当 $\overline{S}=0$ 时，选择器正常工作，其输出逻辑表达式为

$$Y = (\overline{A_2}\,\overline{A_1}\,\overline{A_0})D_0 + (\overline{A_2}\,\overline{A_1}\,A_0)D_1 + (\overline{A_2}\,A_1\,\overline{A_0})D_2 + (\overline{A_2}\,A_1\,A_0)D_3 + $$
$$(A_2\,\overline{A_1}\,\overline{A_0})D_4 + (A_2\,\overline{A_1}\,A_0)D_5 + (A_2\,A_1\,\overline{A_0})D_6 + (A_2\,A_1\,A_0)D_7$$

对于地址输入信号的任何一种状态组合，都有一个输入数据被送到输出端。例如，当 $A_2A_1A_0=000$ 时，$Y=D_0$；当 $A_2A_1A_0=101$ 时，$Y=D_5$ 等。

3. 数据选择器的应用

（1）功能扩展

用两片八选一数据选择器 74HC151，可以构成十六选一数据选择器。电路如图 2-55 所示。

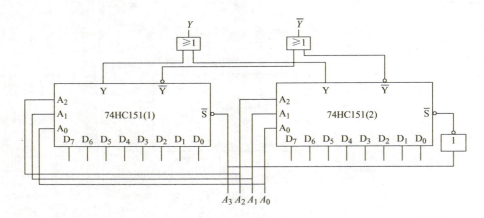

图 2-55　两片 74HC151 构成的十六选一数据选择器

扩展位 A_3 接控制端，当 $A_3=1$ 时，片 1 禁止，片 2 工作；当 $A_3=0$ 时，片 1 工作，片 2 禁止；输出需适当处理（该例接或门）。

（2）实现组合逻辑函数

组合逻辑函数 $F(A,B,C) = m_i (i \in 0 \sim 7)$

八选一：$Y(A_2,A_1,A_0) = \sum_{i=0}^{7} m_i D_i$

四选一：$Y(A_1,A_0) = \sum_{i=0}^{3} m_i D_i$

比较可知，表达式中都有最小项 m_i，利用数据选择器可以实现各种组合逻辑函数。

【例 2.1】试用八选一电路实现 $F = \overline{A}\,\overline{B}\,\overline{C} + \overline{A}BC + A\overline{B}C + ABC$。

解：将 A、B、C 分别从 A_2、A_1、A_0 输入，作为输入变量，把 Y 端作为输出 F。因为逻辑表达式中的各乘积项均为最小项，所以可以改写为 $F(A,B,C) = m_0 + m_3 + m_5 + m_7$。

根据八选一数据选择器的功能，令

$$D_0 = D_3 = D_5 = D_7 = 1 \qquad D_1 = D_2 = D_4 = D_6 = 0 \qquad \overline{S} = 0$$

具体电路如图 2-56 所示。

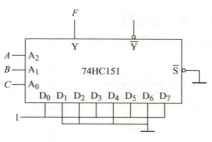

图 2-56　例 2.1 电路图

二、数据分配器

数据分配器能根据地址信号将一路输入数据按需要分配给某一个对应的输出端，它的操作过程是数据选择器的逆过程。它有一个数据输入端、多个数据输出端和相应的地址控制端（或称地址输入端），其功能相当于一个波段开关，如图 2-57 所示。

应当注意的是，厂家并不生产专门的数据分配器电路，数据分配器可以是译码器（分段显示译码器除外）的一种特殊应用。作为数据分配器使用的译码器必须具

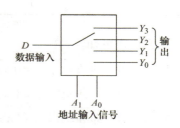

图 2-57　数据分配器原理框图

有"使能"端，其"使能"端作为数据输入端使用，译码器的输入端作为地址输入端，其输出端则作为数据分配器的输出端。图 2-58 是由译码器 74HC138 所构成的 8 路数据分配器的逻辑框图。

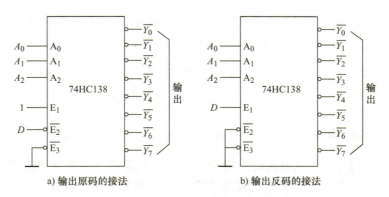

图 2-58　74HC138 所构成的 8 路数据分配器的逻辑框图

三、数值比较器

用来比较两组数字的电路称为数字比较器。只比较两组数字是否相等的数字比较器称为

同比较器。不但比较两组数是否相等,而且还比较两组数大小的数字比较器称为大小比较器,或称数值比较器。

1. 1 位二进制数值比较器

比较两个 1 位二进制数很容易,其真值表如表 2-23 所示,输入变量是两个比较数 A 和 B,输出变量 $Q_{A>B}$、$Q_{A<B}$、$Q_{A=B}$ 分别表示 $A>B$、$A<B$、$A=B$ 三种比较结果。

表 2-23　1 位二进制数值比较器的真值表

输	入	输		出
A	B	$Q_{A>B}$	$Q_{A=B}$	$Q_{A<B}$
0	0	0	1	0
0	1	0	0	1
1	0	1	0	0
1	1	0	1	0

从真值表可知:

1) $A>B$,即 $A=1$,$B=0$ 时,输出 $Q_{A>B}=A\overline{B}$。

2) $A<B$,即 $A=0$,$B=1$ 时,输出 $Q_{A<B}=\overline{A}B$。

3) $A=B$,即 $A=B=0$ 和 $A=B=1$ 时,输出 $Q_{A=B}=AB+\overline{A}\overline{B}=A\odot B$。

可以用逻辑门电路来实现,如图 2-59 所示。

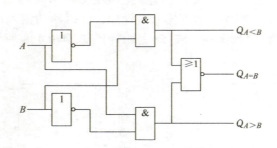

图 2-59　1 位二进制数值比较器逻辑图

2. 多位数值比较器

对于多位数值的比较,应先比较最高位。如果 A 数最高位大于 B 数最高位,则不论其他各位情况如何,定有 $A>B$;如果 A 数最高位小于 B 数最高位,则 $A<B$;如果 A 数最高位等于 B 数最高位,再比较次高位,依次类推。

多位数值比较器的种类很多,下面介绍 4 位数值比较器 74HC85。

74HC85 的逻辑框图如图 2-60 所示,真值表如表 2-24 所示。

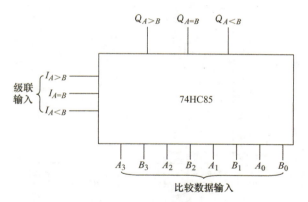

图 2-60 74HC85 的逻辑框图

表 2-24 74HC85 真值表

输 入							输 出		
A_3B_3	A_2B_2	A_1B_1	A_0B_0	$I_{A>B}$	$I_{A<B}$	$I_{A=B}$	$Q_{A>B}$	$Q_{A<B}$	$Q_{A=B}$
$A_3 > B_3$	×	×	×	×	×	×	1	0	0
$A_3 < B_3$	×	×	×	×	×	×	0	1	0
$A_3 = B_3$	$A_2 > B_2$	×	×	×	×	×	1	0	0
$A_3 = B_3$	$A_2 < B_2$	×	×	×	×	×	0	1	0
$A_3 = B_3$	$A_2 = B_2$	$A_1 > B_1$	×	×	×	×	1	0	0
$A_3 = B_3$	$A_2 = B_2$	$A_1 < B_1$	×	×	×	×	0	1	0
$A_3 = B_3$	$A_2 = B_2$	$A_1 = B_1$	$A_0 > B_0$	×	×	×	1	0	0
$A_3 = B_3$	$A_2 = B_2$	$A_1 = B_1$	$A_0 < B_0$	×	×	×	0	1	0
$A_3 = B_3$	$A_2 = B_2$	$A_1 = B_1$	$A_0 = B_0$	1	0	0	1	0	0
$A_3 = B_3$	$A_2 = B_2$	$A_1 = B_1$	$A_0 = B_0$	0	1	0	0	1	0
$A_3 = B_3$	$A_2 = B_2$	$A_1 = B_1$	$A_0 = B_0$	0	0	1	0	0	1

74HC85 有 8 个数码输入端 $A_3A_2A_1A_0$ 和 $B_3B_2B_1B_0$，三个级联输入端（也称控制端，是用于增加比较的位数的）$I_{A>B}$、$I_{A=B}$、$I_{A<B}$ 以及三个输出端 $Q_{A>B}$、$Q_{A=B}$、$Q_{A<B}$。

从表 2-24 可知，当 $A_3A_2A_1A_0 = B_3B_2B_1B_0$ 时，必须考虑级联输入端的状态。

3. 数值比较器的典型应用

1）利用 4 位数值比较器组成 4 位并行比较器，如图 2-61 所示。只要把级联输入端 $I_{A>B}$、$I_{A<B}$ 接 0，$I_{A=B}$ 接 1 即可。

2）数值比较器的级联输入端是供各片之间级联使用的。当需要扩大数码比较的位数时，可将低位比较器片的输出端 $Q_{A>B}$、$Q_{A<B}$、$Q_{A=B}$ 分别接到高位比较器片的级联输入端上。如图 2-62 所示电路是由两片 74HC85 构成的 8 位数值比较器。当高 4 位的 A 和 B 均相等时，三个 Q 端的状态就改由三个级联输入端来决定。而三个级联输入端是与低 4 位的三个 Q 端相连的，它们的状态又由低 4 位的 A 和 B 的大小来决定。

图 2-63 所示电路是一个由 74HC85 构成的报警电路，其功能是将输入的 BCD 码与设定的 BCD 码进行比较，当输入值大于设定值时报警。

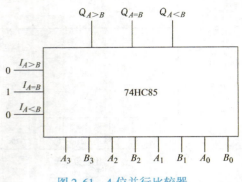

图 2-61 4 位并行比较器

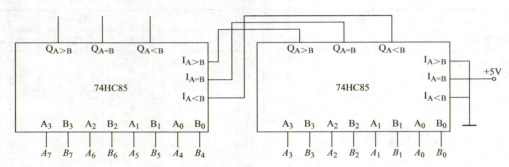

图 2-62 用两片 74HC85 构成的 8 位数值比较器

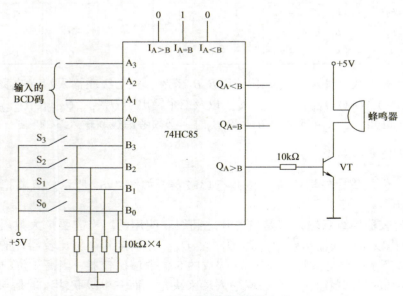

图 2-63 74HC85 构成的报警电路

知识小结

- 有些组合逻辑电路的模块在各种应用场合经常出现，为便于使用，把它们制成了标准化的中规模集成电路，这样可供人们直接使用。
- 了解中规模集成电路的构成特点、使用方法。
- 了解使能端的使用方法，合理地运用这些使能端扩展电路的功能。
- 灵活地运用中规模集成电路还可以设计出许多其他逻辑功能的组合逻辑电路。
- 触发器功能的描述方法有：特征方程、功能真值表、状态转移图、时序波形图等多种方式。D 触发器的特征方程是 $Q^{n+1} = D$；JK 触发器的特征方程是 $Q^{n+1} = J\overline{Q^n} + \overline{K}Q^n$。
- 触发器可以实现功能的转换，可以将 D 触发器转换为 JK 触发器和 T 触发器，也可以将 JK 触发器转换为 D 触发器和 T 触发器。

思考与练习

1. 基本 RS 触发器的输入波形如图 2-64 所示，试画出输出 Q 的波形。设触发器的初始状态为 $Q = 0$。

图 2-64　题 1 图

2. 电路如图 2-65a 所示，输入波形如图 2-65b 所示，试画出输出 Q 的波形。设触发器的初始状态为 $Q = 0$。

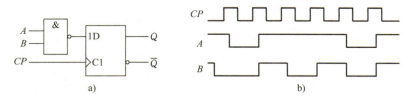

图 2-65　题 2 图

3. 用 74LS139 及门电路实现下列逻辑功能：

（1）$F(A,B,C) = \sum m(0,2,3,6,7)$

（2）$F(A,B,C) = A\overline{C} + \overline{A}B\overline{C} + \overline{B}C$

4. 用 74LS138 及门电路实现下列逻辑功能：

（1）$F(A,B,C) = (A+B+C)(A+B+\overline{C})(\overline{A}+B+C)$

（2）$F(A,B,C,D) = \sum m(0,3,6,8,12,14)$

（3）$F(A,B,C,D) = A\overline{B}\,\overline{C} + \overline{A}\,\overline{B} + \overline{A}D + C + BD$

5. 写出图 2-66 中 F_1、F_2、F_3 的逻辑函数表达式，并化简为最简"与或"式。

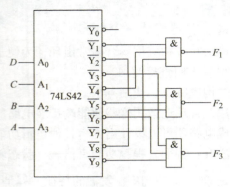

图 2-66　题 5 图

6. 某医院有一、二、三、四号病房 4 间，每间病房设有呼叫按钮，同时在护士值班室内装有对应的 4 个指示灯。现要求当一号病房的按钮按下时，无论其他病房的按钮是否按下，只有一号灯亮。当一号病房的按钮没有按下而二号病房的按钮按下时，无论三、四号病房的按钮是否按下，只有二号灯亮。当一、二号病房的按钮都未按下而三号病房的按钮按下时，无论四号病房的按钮是否按下，只有三号灯亮。只有在一、二、三号病房的按钮均未按下而按下四号病房的按钮时，4 号灯才亮。试用优先编码器 74LS148 和门电路设计满足上述控制要求的逻辑电路。

7. 试用 3 线-8 线译码器和与非门设计一个全减器。

项目 3

数字钟的设计与仿真调试

项目目标：

1. 能正确测试和分析触发器构成的简单计数器的逻辑功能。
2. 能正确测试集成计数器逻辑功能，并能正确描述。
3. 理解同步时序电路的分析和设计方法。
4. 能正确理解计数器等时序电路的时序图。
5. 了解同步时序电路、异步时序电路异同点。
6. 能正确设计任意进制的计数器电路。
7. 能用 Multisim 仿真电路。

项目引入：

数字钟在日常生活中非常常见，它由秒钟、分钟、时钟三部分组成。先是秒计数电路对标准的秒脉冲信号进行计数，每计满 60 个信号后分计数电路计数，当分计数电路每计满 60 个信号后小时计数电路计数。本项目介绍如何使用用集成计数器来实现任何进制的计数器，并完成数字钟指示电路的设计和用 Multisim 来仿真数字钟的计时功能。

本项目共有三个子项目：

任务 3.1：由触发器构成的简单计数器的设计与测试。通过对由边沿 D 触发和边沿 JK 触发器构成的简单计数器逻辑功能的测试，学习同步时序电路分析和设计方法。

任务 3.2：集成计数器的功能测试。通过对集成计数器 74161 等逻辑功能测试，了解异步清零、同步置数的概念，能正确理解工作时序图，能通过芯片资料的阅读，了解集成计数器的逻辑功能和正确使用方法。

任务 3.3：数字钟的设计与仿真调试。掌握计数器模数变化的方法，通过串接法、反馈复位法、反馈置数法等方法设计任意进制计数器，并完成数字钟指示电路的设计和仿真调试。

预备知识：

1. 时序逻辑电路的组成

数字电路分为组合逻辑电路和时序逻辑电路两大类。前面我们已经学过，组合逻辑电路的特点是任一时刻电路的输出信号只取决于当前的输入信号。时序逻辑电路又称时序电路，它由组合逻辑电路和存储电路组成，如图 3-1 所示。存储电路通常采用触发器作存储单元，它主要用于记忆和表示时序的。因此，在时序逻辑电路中，触发器是必不可少的，而组合逻辑电路在有些时序逻辑电路中则可以没有，但不能没有触发器。和组合逻辑电路不同，时序逻辑电路的特点是任一时刻电路的输出信号不仅取决于当前的输入信号，而且还取决于电路原来的状态。相当于在组合逻辑的输入端加了一个反馈信号，在电路中有一个存储电路，该存储电路可以将输出的信号保持住。

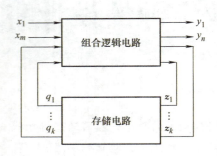

图 3-1　时序电路构成框图

图 3-1 中，$X(x_1,x_2,\cdots,x_m)$ 代表输入信号，$Y(y_1,y_2,\cdots,y_n)$ 代表输出信号，$Z(z_1,z_2,\cdots,z_k)$ 代表存储电路的输入信号，$Q(q_1,q_2,\cdots,q_k)$ 代表存储电路的输出信号。

根据电路状态转换情况的不同，时序逻辑电路又分为同步时序逻辑电路和异步时序电路。在同步时序电路中，所有触发器的 CP 时钟端都接在一起，电路中的触发器在统一时钟的作用下同时翻转。而异步时序电路中，时钟脉冲只触发部分触发器，其余触发器则是由电路内部信号触发的，所以异步时序逻辑电路中的触发器不是同时翻转。由于同步时序电路的触发器同时翻转，所以同步时序电路的速度较异步时序电路快，应用也较异步时序电路广泛。

2. 计数器

在许多电子产品中，需要用到计数器。计数器是对时钟（CP）的个数进行计数的数字电路，它的输出随着时钟信号的到来按一定的规律变化。计数器不仅可以用于计数，还可以用于分频、定时等。

构成计数器的基本单元电路是触发器，触发器具有记忆功能。计数器是应用较广泛的时序电路之一。

计数器分类很多，特点各异。它的主要分类如下：

（1）按计数进制分

二进制计数器：按二进制数运算规律进行计数的电路称为二进制计数器。

十进制计数器：按十进制数运算规律进行计数的电路称为十进制计数器。

任意进制计数器：二进制计数器和十进制计数器之外的其他进制计数器统称为任意进制计数器，如五进制、二十四进制、六十进制计数器等。

（2）按计数器中触发器翻转是否同步分

同步计数器：计数脉冲同时加到所有触发器的时钟信号输入端，使应翻转的触发器同时翻转的计数器，称为同步计数器。

异步计数器：计数脉冲只加到部分触发器的时钟信号输入端上，而其他触发器的触发信号则由电路内部提供，应翻转的触发器状态更新有先有后的计数器，称为异步计数器。

（3）按计数增减分

加法计数器：随着计数脉冲的输入进行递增计数的电路称为加法计数器。

减法计数器：随着计数脉冲的输入进行递减计数的电路称为减法计数器。

可逆计数器：在加/减控制信号作用下，可递增计数，也可递减计数的电路，称为可逆计数器，或加/减计数器。

下面我们以计数器为例，学习如何正确分析由触发器电路和组合逻辑电路构成的具有一定逻辑功能的时序电路。

任务 3.1　由触发器构成的简单计数器的设计与测试

项目任务单如下：

项目名称	项目3　数字钟的设计与仿真调试		
任务编号	3.1	任务名称	由触发器构成的简单计数器的设计与测试
任务内容	1. 使用数字电路综合实训箱设计、搭建电路，完成如下工作 （1）由两级D触发器构成的四进制异步计数器电路的测试 （2）D触发器构成的同步模4计数器逻辑功能测试 （3）JK触发器构成的同步模4计数器逻辑功能测试 （4）用触发器完成同步计数器电路的设计 步骤：按测试电路图接好电路；接通电源，改变输入电平，观察输出逻辑状态，记录测试结果，分析电路的逻辑功能 2. 按要求完成同步计数器电路的设计，完成原理图设计、元器件选型、电路装接与调试、电路性能检测、撰写设计报告		
任务实施准备	综合实训箱；数字万用表；74LS74、74LS86、74LS08、74LS112等芯片		
任务要求与考核标准	测试任务： 1. 测试任务准备：能正确查阅手册了解测试电路中集成电路的逻辑功能及引脚图，了解各引脚的功能，掌握测试设备的使用方法 2. 电路的连接与调试：能根据测试电路接好电路图，进行电路的调试及故障的处理 3. 测试结果记录及分析：能正确记录测试结果，并根据测试结果进行电路的功能分析 4. 测试报告：能规范撰写测试报告 设计任务： 1. 总体方案选择：根据设计任务要求及性能指标，选择合适的设计方案，画出电路的总体方案原理图 2. 元器件的选择：根据设计任务要求及性能指标，选择合适的元器件，列出所用的元器件 3. 电路的连接与调试：能查阅手册正确使用集成电路进行电路的连接和调试，并能正确使用仪器进行电路的检测及电路故障的处理 4. 小组汇报和展示：小组汇报条理清晰，设计作品能实现设计功能 5. 设计报告：能规范撰写设计报告		

任务 3.1.1　四进制异步计数器的逻辑功能测试

任务编号	CS3 – 1	
任务名称	四进制异步计数器的逻辑功能测试	
任务要求	按测试程序要求完成所有测试内容，并撰写测试报告	
测试设备	数字电路综合测试系统	（1套）
	数字万用表	（1块）
元器件	集成电路 74LS74	（1块）
测试电路	<div style="text-align:center">（电路图）</div><div style="text-align:center">图 3-2　四进制异步计数器逻辑功能测试电路</div>	
测试程序	1. 计数器功能测试 （1）首先根据 74LS74 引脚图，在图 3-2 中标出相应输入、输出端的引脚号，然后按图 3-2 接好测试电路（14 脚接 +5V，7 脚接 GND） （2）检查接线无误后，打开电源 （3）首先将两个触发器的输出状态都置为 0 状态（$\overline{R_D}=0$，$\overline{S_D}=1$），将 1CP ③脚接手动时钟输入端。记录 4 个时钟脉冲上升沿到时，两个触发器状态的变化，画出状态转移图 结论：图 3-2 电路中的触发器状态 2Q1Q 变化是_____→_____→_____→_____→_____，输入_____个脉冲后，状态重复，我们称这样的计数器为_____（二/四）进制计数器。又由于两个触发器的 CP 脉冲不是接在一起的，所以两个触发器的输出状态不是同时发生变化，所以我们称这样的电路为_____（同/异）步四进制计数器。 2. 分频器功能测试 重复"计数器功能测试"中（1）、（2）步骤。 （1）将 1CP ③脚接实验系统的连续脉冲输出端，并用示波器 A 通道监测此端时钟信号 结论：1CP 输入波形的周期是_____，频率是_____。 （2）用示波器 B 通道测试 1Q 端⑤脚的输出波形，并记录（用 A 通道同步） 结论：输出端 1Q 输出波形的周期是_____，频率是_____，是输入 CP 脉冲频率的_____（1倍、2倍、1/2） （3）再用示波器 B 通道测试 2Q 端⑨脚的输出波形，并记录 结论：输出端 2Q ⑨脚的输出波形的周期是_____，频率是_____，是输入 CP 脉冲信号频率的_____（2倍、4倍、1/4）	
结论与体会		

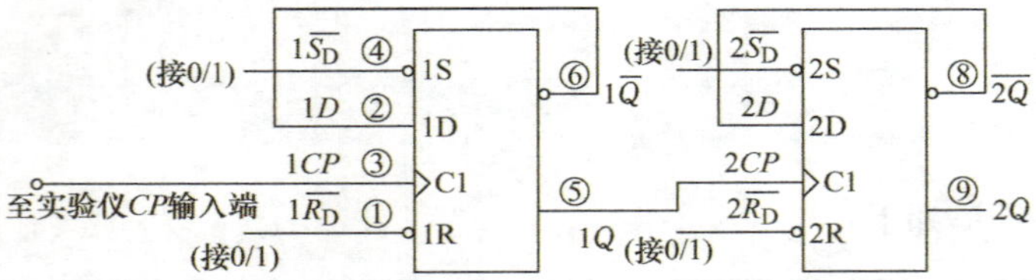

计数器的分频功能：

从以上测试可知，当输入脉冲的频率为 f_0 时，D 触发器经过适当连接，在触发器的输

出端可以得到 $f_0/2$ 及 $f_0/4$ 的方波信号，称为二分频及四分频，所以 D 触发器也具有分频的功能。下面我们画出 CP 输入端、1Q 输出端、2Q 输出端的波形图，如图 3-3 所示。

我们也可以用状态转移图（图 3-4）表示它的逻辑功能。

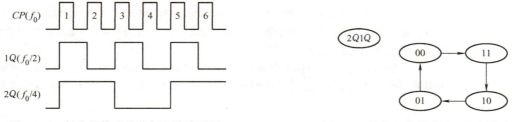

图 3-3　D 触发器构成的分频电路波形图　　　　图 3-4　异步四进制计数器状态转移图

两个触发器的输出为 2Q、1Q，假设触发器的初始状态为 00，当无 CP 脉冲时，2Q1Q 的状态为 00，当第一个脉冲上升沿到时，触发 2Q1Q 状态为 11，第二个上升沿时，触发器 2Q1Q 状态为 10，第三个脉冲上升沿到时，触发器 2Q1Q 状态为 01，第四个上升沿到时，触发器 2Q1Q 状态回到初始状态 00。我们称这样的电路为四进制计数器，由于两个触发器的 CP 时钟不是接着一起，所以两个触发器不可能同时动作，这样的计数器为<u>异步计数器</u>。在数字电路中把所有触发器的 CP 时钟接在一起并且电路中所有的触发器同时动作，这样的计数器为<u>同步计数器</u>。因此图 3-2 所示的时序电路为异步四进制减法计数器。

任务 3.1.2　四进制同步计数器的逻辑功能测试

任务编号	CS3-2	
任务名称	D 触发器构成的四进制同步计数器的逻辑功能测试	
任务要求	按测试程序要求完成所有测试内容，并撰写测试报告	
测试设备	数字电路综合测试系统	(1 套)
	数字万用表	(1 块)
元器件	集成电路 74LS112　边沿 D 触发器	(1 块)
	集成电路 74LS86　异或门	(1 块)
	集成电路 74LS08　二输入与门	(1 块)
预备知识		
测试电路	图 3-5　四进制同步计数器逻辑功能测试电路	

(续)

测试程序	(1) 查找附录 74LS74 边沿 D 触发器、74LS86 异或门、74LS08 与门的引脚分布，按图 3-5 接线 (2) 检查接线无误后，打开电源 (3) 首先将两个 D 触发器 FF_1、FF_2 清零（将清零端 $1\overline{R_D}$①脚接低电平，置 1 端 $1\overline{S_D}$④脚接高电平） (4) 将 CP 时钟输入端接手动脉冲输入端，观察连续 4 个脉冲上升沿来到时输出 Q_2Q_1 及输出 C 的状态变化，画出状态转移图 结论：此电路是_____（同步/异步）_____（二进制/非二进制）_____（加法/减法）计数器，输出 C 在 Q_2Q_1 从_____状态转换到_____状态时为 1，称输出 C 为加法计数器的进位信号
结论 与体会	

同步时序电路分析：

计数器是最常用的时序电路之一。图 3-2 中的异步计数器属于异步时序电路，图 3-5 中的四进制同步计数器属于同步时序电路。下面我们通过对图 3-6 中四进制同步计数器的分析，介绍同步时序电路的分析方法。

分析一个时序电路，就是要找出给定的时序逻辑电路的逻辑功能。具体地说，就是要求找出电路的状态和输出的状态在输入变量及时钟信号作用下的变化规律。

分析同步时序电路时一般按如下步骤进行：

1) 写出逻辑图中每个触发器的驱动方程（输入方程）。

2) 将驱动方程代入相应触发器的特征方程，得出每个触发器的状态方程。

3) 根据逻辑图写出电路的输出方程（并非所有电路都有输出方程）。

4) 根据电路的状态方程、输出方程列出电路各触发器现态、次态、输入、输出的功能真值表。

5) 根据功能真值表，画出状态转移图。

6) 根据状态转移图判断逻辑功能。

【例 3.1】 分析图 3-6 同步时序电路的逻辑功能。

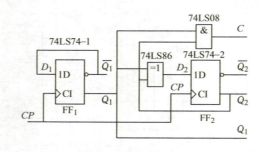

图 3-6　同步时序电路

解：第一步写出各个触发器的驱动方程（输入方程）为

$$D_1 = \overline{Q_1^n}$$

$$D_2 = Q_1^n \oplus Q_2^n$$

第二步将上式输入方程代入 D 触发器的特征方程 $Q^{n+1} = D$ 中，于是得到电路的状态方程为

$$Q_1^{n+1} = D_1 = \overline{Q_1^n} \qquad\qquad Q_1^{n+1} = \overline{Q_1^n}$$
$$Q_2^{n+1} = D_2 = Q_1^n \oplus Q_2^n \qquad\qquad Q_2^{n+1} = Q_1^n \oplus Q_2^n$$

第三步写出电路中的输出方程为

$$C = Q_1^n Q_2^n$$

第四步根据电路的状态方程、输出方程列出电路各触发器现态、次态、输入、输出的功能真值表，如表 3-1 所示。

表 3-1 功能真值表

Q_2^n	Q_1^n	Q_2^{n+1}	Q_1^{n+1}	C
0	0	0	1	0
0	1	1	0	0
1	0	1	1	0
1	1	0	0	1

第五步根据功能真值表，画出状态转移图，如图 3-7 所示。

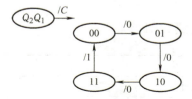

图 3-7 同步时序电路状态转移图

第六步根据状态转移图判断逻辑功能。

从状态转移图可以看出：图 3-7 中的同步时序电路是同步四进制加法计数器。输出 C 是计数器的进位。

任务编号	CS3－3
任务名称	JK 触发器构成的四进制同步计数器的逻辑功能测试
任务要求	按测试程序要求完成所有测试内容，并撰写测试报告
测试设备	数字电路综合测试系统　　　　　　　　　　　　　　（1 套）
	数字万用表　　　　　　　　　　　　　　　　　　　（1 块）
元器件	集成电路 74LS112　边沿 JK 触发器　　　　　　　　（1 块）

(续)

测试电路	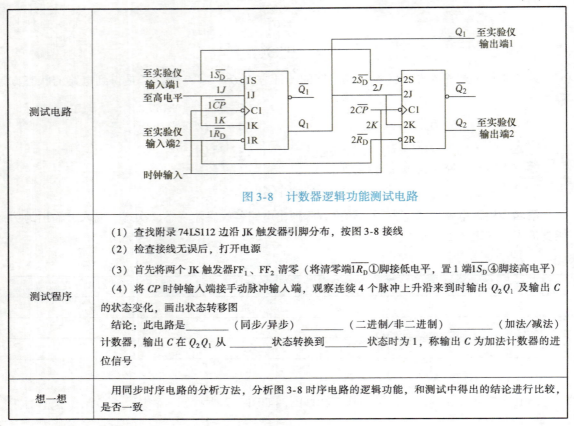 图 3-8 计数器逻辑功能测试电路
测试程序	（1）查找附录 74LS112 边沿 JK 触发器引脚分布，按图 3-8 接线 （2）检查接线无误后，打开电源 （3）首先将两个 JK 触发器 FF_1、FF_2 清零（将清零端 $1\overline{R_D}$①脚接低电平，置 1 端 $1\overline{S_D}$④脚接高电平） （4）将 CP 时钟输入端接手动脉冲输入端，观察连续 4 个脉冲上升沿来到时输出 Q_2Q_1 及输出 C 的状态变化，画出状态转移图 结论：此电路是_____（同步/异步）_____（二进制/非二进制）_____（加法/减法）计数器，输出 C 在 Q_2Q_1 从_____状态转换到_____状态时为 1，称输出 C 为加法计数器的进位信号
想一想	用同步时序电路的分析方法，分析图 3-8 时序电路的逻辑功能，和测试中得出的结论进行比较，是否一致

任务 3.1.3 同步计数器电路设计

任务编号	SJ3-1
任务名称	同步计数器电路设计
任务要求	1. 设计功能指标 （1）按照状态转移图（图 3-9）设计满足功能要求的同步时序电路 图 3-9 同步时序电路状态转移图 （2）用 D 触发器构成的同步时序电路实现上述逻辑功能 2. 任务要求 完成原理图设计、元器件选型、电路装接与调试、电路性能检测、设计文档编写。

(续)

测试设备	数字电路综合测试系统	(1 套)
	数字万用表	(1 块)
	注：根据设计测试要求填入	
元器件	注：根据设计要求，选型填入	
设计步骤	注：请写出设计步骤	
测试电路	注：根据具体设计画出	
测试程序	注：请写出测试步骤	
结论与体会		

1. 同步时序逻辑电路的设计方法

在实际应用中，常常会要求根据实际需要设计一个符合要求的计数器或其他功能的时序逻辑电路。计数器累计输入脉冲的最大数目称为计数器的"模"，用 M 表示。例如：要求我们设计一个模 6 计数器，即每计数 6 个脉冲，则计数器回到初始状态，不断循环重复。我们列出状态转移图如图 3-10 所示。

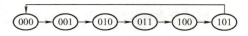

图 3-10　模 6 计数器状态转移图

在上面的状态转移图中，共用了 3 个触发器，每个触发器表示两种状态，3 个触发器共表示 $2^3 = 8$ 种状态，即 000、001、010、011、100、101、110、111。其中 110 和 111 这两种状态不在状态转移图中出现，通常称这种状态为无效状态。若计数器由于某些原因进入了无效状态，但经过若干个时钟后，可以进入计数器的计数循环中，称计数器（时序电路）可以自启动；若无法进入计数循环，则称此计数器（时序电路）不能自启动。在设计中我们应尽量避免电路不能自启动，如图 3-11 所示，在经过一、两个时钟后，电路能够进入主循环，也就是电路能够实现自启动。六进制计数器能够自启动的状态转移图如图 3-11 所示。

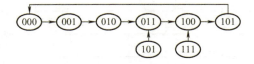

图 3-11　具有自启动的六进制计数器状态转移图

简单同步时序电路的一般设计方法如下：

1）根据设计要求，画出状态转移图。

2）确定触发器的个数 k，首先根据状态数确定所需的触发器的个数。例如：给定触发器的状态数为 n，则 $2^{k-1} < n \leq 2^k$，k 为触发器的个数。

3）列出状态转移真值表。

4) 选择触发器的类型，通常我们选用 JK 触发器或 D 触发器。根据状态图和触发器型号列出次态方程，写出输入方程。

5) 求出输出方程，若有些电路没有独立的输出，这一步可以省略。

6) 根据输入方程、输出方程画出逻辑图。

7) 检查电路能否自启动，检查电路中有些无关的状态经过若干个脉冲后能否进入自启动。

【例 3.2】按照状态转移图（图 3-12），用 JK 触发器设计满足功能要求的同步时序电路。

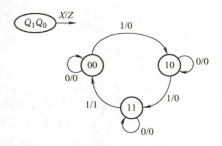

图 3-12 同步时序电路状态转移图

解：设计步骤如下：

第一步根据设计功能要求，画出状态转移图。由于题目已经给出状态转移图，这一步可以省略。

第二步确定触发器的个数 k。根据状态转移图，本时序电路共有 3 个有效状态。触发器的个数选取为 2。用两个触发器实现此同步时序电路，触发器的状态分别为 Q_1Q_0。

第三步列出状态转移真值表（输入、现态、次态、输出之间的关系），如表 3-2 所示。

表 3-2　图 3-12 同步时序电路状态转移真值表

X	Q_1^n	Q_0^n	Q_1^{n+1}	Q_0^{n+1}	Z
0	0	0	0	0	0
0	0	1	×(0)	×(1)	×(0)
0	1	0	1	0	0
0	1	1	1	1	0
1	0	0	1	0	0
1	0	1	×(1)	×(0)	×(1)
1	1	0	1	1	0
1	1	1	0	0	1

上面的状态转移真值表中，$Q_1^n Q_0^n = 01$ 的状态是状态转移图中没有的状态，真值表中把它的次态设置为任意状态。

第四步选择触发器。根据题意选用 JK 触发器。根据图 3-13 中卡诺图，写出次态方程，列出输入方程。

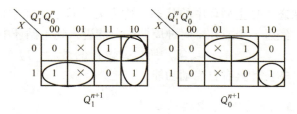

图 3-13　卡诺图化简

写出次态方程：

$$Q_1^{n+1} = \overline{X}Q_1^n + X\overline{Q_1^n} + Q_1^n\overline{Q_0^n} = X\overline{Q_1^n} + (\overline{X} + \overline{Q_0^n})Q_1^n = X\overline{Q_1^n} + \overline{XQ_0^n}Q_1^n$$

$$Q_0^{n+1} = \overline{X}Q_0^n + XQ_1^n\overline{Q_0^n}$$

写出输入方程：

$$J_1 = X \qquad K_1 = XQ_0^n \qquad J_0 = XQ_1^n \qquad K_0 = X$$

第五步根据图 3-14 卡诺图，写出输出方程：

$$Z = XQ_0^n$$

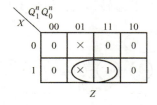

图 3-14　同步时序电路卡诺图化简

第六步画出逻辑电路图，如图 3-15 所示。

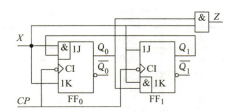

图 3-15　设计完成的同步时序电路图

第七步重新画出状态转移图，如图 3-16 所示，检验是否可以自启动。

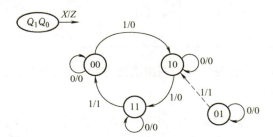

图 3-16　设计完成的同步时序电路状态转移图

时序电路中有些状态不是主循环中的状态，称为无效状态，如本设计中的 01 状态，若电路进入到这个状态，经过 1 个或几个时钟周期后，能进入到主循环中，则称电路能够自启动。一个合格的设计应该具有自启动功能。所以，设计的最后，应对电路进行自启动的验证。从图中可以看出：本设计具有自启动功能。

2. 具有自启动功能的同步时序电路的设计

实际应用中会遇到这样的情况，由于外界干扰等一些因素使得电路进入到无效状态，我们希望在经过 1 个或几个时钟周期之后能回到主循环中去（即具有自启动功能），在例 3.2 的设计过程中，所采取方法是：假设这些无效状态的下一个状态为任意状态，设计完毕，再验证电路是否可以自启动，若不能自启动，必须得修改原设计。这样设计的电路是否有自启动功能具有偶然性，有时需要进行反复修改和验证。下面的例子中介绍一种方法，在设计过程中就考虑到这些无效状态的下一个状态为主循环中的一个状态，这样所设计的电路一定可以自启动，这就是具有自启动功能的时序电路设计。

【例 3.3】 设计一个同步、具有自启动功能的五进制加法计数器（0~4）。

解：（1）根据设计要求，确定触发器的个数。在本例中，共有 5 个状态，$2^2 < 5 < 2^3$，所以我们取触发器的个数为 3，画出状态转移图，如图 3-17 所示。

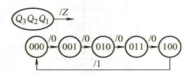

图 3-17 五进制加法计数器状态转移图 1

（2）列出状态转移真值表，如表 3-3 所示。

表 3-3 五进制计数器状态转移真值表

Q_3^n	Q_2^n	Q_1^n	Q_3^{n+1}	Q_2^{n+1}	Q_1^{n+1}	Z
0	0	0	0	0	1	0
0	0	1	0	1	0	0
0	1	0	0	1	1	0
0	1	1	1	0	0	0
1	0	0	0	0	0	1
1	0	1	×(0)	×(1)	×(0)	×(1)
1	1	0	×(0)	×(1)	×(0)	×(1)
1	1	1	×(0)	×(0)	×(0)	×(1)

（3）选择触发器。选用 JK 触发器，写出次态方程，列出输入方程。五进制加法计数器卡诺图化简如图 3-18 所示。

$$Q_3^{n+1} = Q_2^n Q_1^n \overline{Q_3^n} \qquad J_3 = Q_2^n Q_1^n \qquad K_3 = 1$$

$$Q_2^{n+1} = Q_1^n \overline{Q_2^n} + \overline{Q_1^n} Q_2^n \qquad J_2 = K_2 = Q_1^n$$

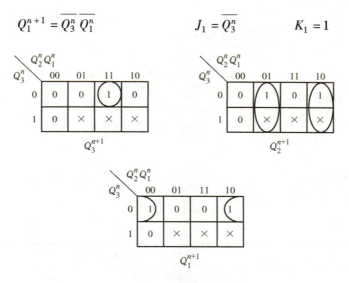

图 3-18　五进制加法计数器卡诺图化简 1

（4）列出进位输出方程。五进制加法计数器卡诺图化简如图 3-19 所示。

$$Z = Q_3^n$$

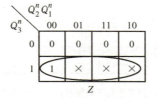

图 3-19　五进制加法计数器卡诺图化简 2

（5）画出逻辑电路图，如图 3-20 所示。

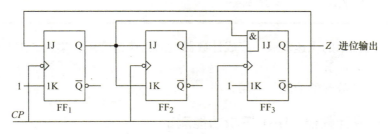

图 3-20　五进制加法计数器逻辑电路图

（6）检验是否可以自启动。五进制加法计数器状态转移图如图 3-21 所示。

可见，如果电路进入无效状态 101、110、111 时，在 1 个 CP 脉冲后，分别进入有效状态 010、010、000，所以电路能够自启动。实际在设计过程中，这三个无效状态的次态已经确定了，而且是五个主循环状态之一（见表 3-3），所以此设计电路一定能实现自启动功能，无需再检验是否能够自启动。

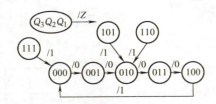

图 3-21　五进制加法计数器状态转移图 2

任务 3.2　集成计数器的功能测试

项目任务单如下：

项目名称	项目 3　数字钟的设计与仿真		
任务编号	3.2	任务名称	集成计数器的功能测试
任务内容	1. 使用数字电路综合实训箱设计、搭建电路，完成如下工作 （1）74LS161 逻辑功能测试 （2）74LS390 逻辑功能测试 步骤：按测试电路图接好电路；接通电源，接入脉冲信号，观察输出结果 2. 撰写测试报告		
任务实施准备	综合实训箱；数字万用表；74LS390、74LS161 等芯片		
任务要求与考核标准	1. 测试任务准备：能正确查阅手册了解测试电路中集成电路的逻辑功能及其引脚图，了解各引脚的功能，掌握测试设备的使用方法 2. 电路的连接与调试：能根据测试电路接好电路图，进行电路的调试及故障的处理 3. 测试结果记录及分析：能正确记录测试结果，并根据测试结果进行电路的功能分析 4. 测试报告：能规范撰写测试报告		

随着集成电路技术的飞速发展，集成计数器电路已普遍使用，集成二进制计数器的使用较为广泛。所谓二进制计数器它的模并不是 2，而是 2^n，n 是构成二进制的触发器的个数。下面介绍几种集成计数器的功能及使用方法。

任务 3.2.1　集成计数器 74161 逻辑功能测试

任务编号	CS3-4	
任务名称	集成计数器 74161 逻辑功能测试	
任务要求	按测试程序要求完成所有测试内容，并撰写测试报告	
测试设备	数字电路综合测试系统	（1 套）
	数字万用表	（1 块）
元器件	集成电路 74161　集成 4 位二进制加法计数器	（1 块）

(续)

测试电路	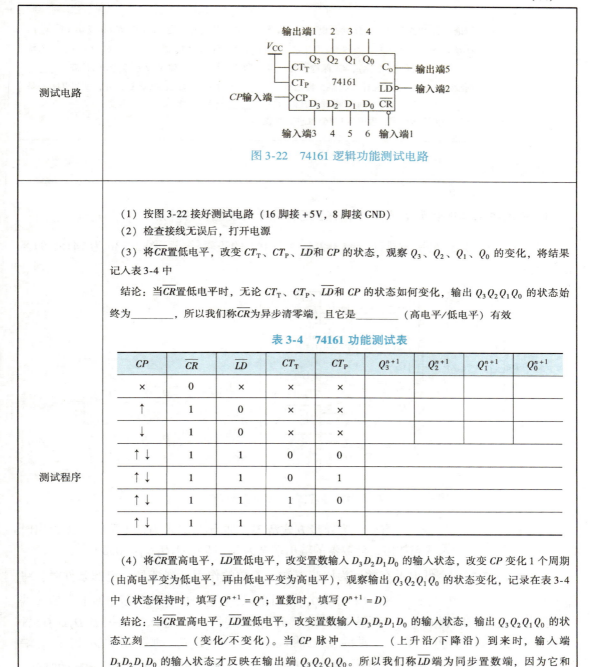 图 3-22 74161 逻辑功能测试电路
测试程序	(1) 按图 3-22 接好测试电路（16 脚接 +5V，8 脚接 GND） (2) 检查接线无误后，打开电源 (3) 将 $\overline{CR}$ 置低电平，改变 CT_T、CT_P、$\overline{LD}$ 和 CP 的状态，观察 Q_3、Q_2、Q_1、Q_0 的变化，将结果记入表 3-4 中 结论：当 $\overline{CR}$ 置低电平时，无论 CT_T、CT_P、$\overline{LD}$ 和 CP 的状态如何变化，输出 $Q_3Q_2Q_1Q_0$ 的状态始终为_____，所以我们称 $\overline{CR}$ 为异步清零端，且它是_____（高电平/低电平）有效 表 3-4 74161 功能测试表 | CP	$\overline{CR}$	$\overline{LD}$	CT_T	CT_P	Q_3^{n+1}	Q_2^{n+1}	Q_1^{n+1}	Q_0^{n+1}
---	---	---	---	---	---	---	---	---
×	0	×	×	×				
↑	1	0	×	×				
↓	1	0	×	×				
↑↓	1	1	0	0				
↑↓	1	1	0	1				
↑↓	1	1	1	0				
↑↓	1	1	1	1					 (4) 将 $\overline{CR}$ 置高电平，$\overline{LD}$ 置低电平，改变置数输入 $D_3D_2D_1D_0$ 的输入状态，改变 CP 变化 1 个周期（由高电平变为低电平，再由低电平变为高电平），观察输出 $Q_3Q_2Q_1Q_0$ 的状态变化，记录在表 3-4 中（状态保持时，填写 $Q^{n+1}=Q^n$；置数时，填写 $Q^{n+1}=D$） 结论：当 $\overline{CR}$ 置高电平，$\overline{LD}$ 置低电平，改变置数输入 $D_3D_2D_1D_0$ 的输入状态，输出 $Q_3Q_2Q_1Q_0$ 的状态立刻_____（变化/不变化）。当 CP 脉冲_____（上升沿/下降沿）到来时，输入端 $D_3D_2D_1D_0$ 的输入状态才反映在输出端 $Q_3Q_2Q_1Q_0$。所以我们称 $\overline{LD}$ 端为同步置数端，因为它和_____同步。置数的条件是：①$\overline{LD}$ 应为_____（高电平/低电平）；②必须等到 CP 脉冲_____（上升沿/下降沿）的到来 (5) 将 $\overline{CR}$ 置高电平，$\overline{LD}$ 接高电平，分别将 CT_TCT_P 置 00、01、10、11，观察随着 CP 脉冲的变化，输出 $Q_3Q_2Q_1Q_0$ 的状态变化

(续)

测试程序	结论:当$\overline{CR}$置高电平,$\overline{LD}$接高电平时,随着CP脉冲的变化,当$CT_T CT_P$置 00 或 01 时,输出$Q_3 Q_2 Q_1 Q_0$的状态_____(变化/不变化),但$C_o=0$;当$CT_T CT_P$置 10 时,输出$Q_3 Q_2 Q_1 Q_0$的状态_____(变化/不变化),C_o保持不变;当$CT_T CT_P$置 11 时,输出$Q_3 Q_2 Q_1 Q_0$的状态_____(变化/不变化),且呈现计数状态,每记满_____个时钟,输出状态重复循环,所以 74161 是_____(2 或 4)位二进制计数器,又称为模_____(2、4、8 或 16)计数器 (6)根据测试结果,理解 74LS161 工作时序图
结论与体会	

1. 集成四位二进制加法计数器 74161 逻辑符号及使能端的作用

图 3-23a 为 74161 的引脚排列,图 3-23b 为 74161 的逻辑符号,图 3-23c 为 74161 的惯用符号。

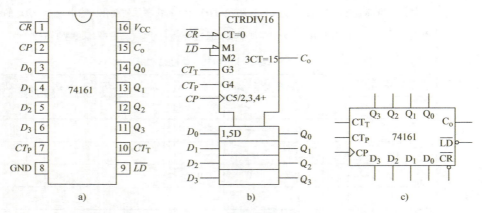

图 3-23 74161(74163)引脚排列、逻辑符号、惯用符号

$\overline{CR}$**为异步清零端**:低电平有效,为异步方式清零,即当$\overline{CR}$输入为低电平时,无论当时的时钟状态和其他输入状态如何,计数器的输出端全为 0,即$Q_3 Q_2 Q_1 Q_0 = 0000$。

$\overline{LD}$**为同步置数端**:低电平有效,为同步置数。置数的作用是当满足一定的条件时,将输入端数据$D_3 D_2 D_1 D_0$置入到输出端$Q_3 Q_2 Q_1 Q_0$。同步置数是当$\overline{LD}$输入为低电平时,输入端的数据并不立刻反映到输出端,而是等到 CP 上升沿到来时,才将输入端数据$D_3 D_2 D_1 D_0$置入到输出端$Q_3 Q_2 Q_1 Q_0$。所以,要成功地将输入端$D_3 D_2 D_1 D_0$的数据置入到输出端$Q_3 Q_2 Q_1 Q_0$,必须满足两个条件:①$\overline{LD}$端必须为低电平;②必须等到 CP 上升沿到来的时刻。

Q_3、Q_2、Q_1、Q_0**为计数器的输出端**:其中Q_3为最高位,Q_0为最低位。

D_3、D_2、D_1、D_0**为计数器预置输入端**:通过置数端的作用可将此数据置入到输出端。

C_o**为进位输出端**:此输出端平时为低电平,当计数器计满一个周期时,输出一个高电平,即每第 16 个时钟输出一个高电平脉冲。

CP**为时钟输入端**:上升沿有效。

CT_T、CT_P 为两个功能扩展使能端，合理设置这两个输入端的状态，可实现各种计数器功能的扩展。74161 功能真值表如表 3-5 所示。它的工作时序图如图 3-24 所示。

表 3-5 74161 功能真值表

CP	$\overline{CR}$	$\overline{LD}$	CT_T	CT_P	功　能
×	0	×	×	×	异步清零
↑	1	0	×	×	同步置数
×	1	1	0	×	保持，但 $C_o = 0$
×	1	1	1	0	保持
↑	1	1	1	1	正常计数

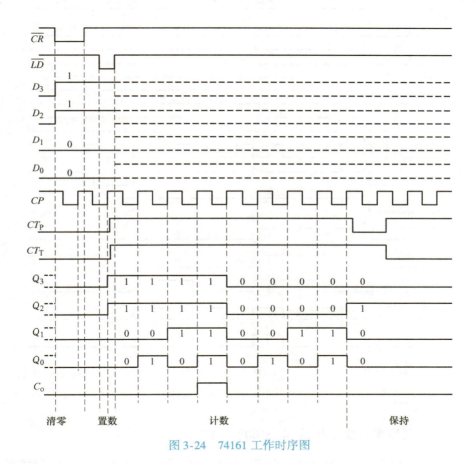

图 3-24 74161 工作时序图

2. 集成四位二进制同步加法计数器 74LS163

74163 的引脚排布与 74161 基本相同，逻辑符号与 74161 也基本相同（同图 3-23），区别在于其清零端为同步清零，即当 $\overline{CR}$ 置为低电平时，并不是立刻清零，而是要等到 CP 上升沿到时，才使输出端清零。其功能真值表如表 3-6 所示。它的工作时序图如图 3-25 所示。

表 3-6　74163 功能真值表

CP	$\overline{CR}$	$\overline{LD}$	CT_T	CT_P	功　能
↑	0	×	×	×	同步清零
↑	1	0	×	×	同步置数
×	1	1	0	×	保持，但 $C_o=0$
×	1	1	1	0	保持
↑	1	1	1	1	正常计数

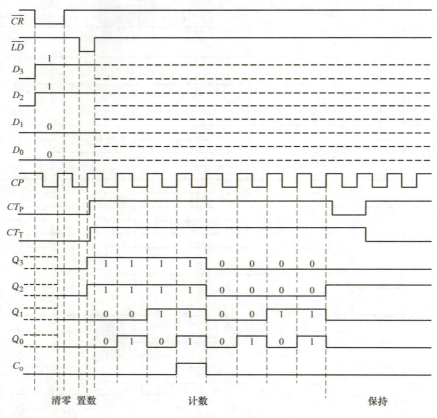

图 3-25　74163 工作时序图

3. 集成十进制同步加法计数器 74LS160、74LS162

74LS160 是 4 位 BCD 十进制加法计数器，预置工作时在 CP 时钟的上升沿段同步，异步清零。它的引脚图和惯用逻辑符号如图 3-26a、b 所示。图 3-26c 为 74LS160 计数方式下各使能端的接法。

对图 3-26c 所示的连线方法，输出端 $Q_3Q_2Q_1Q_0$ 的状态转移图如图 3-27 所示。

74LS162 和 74LS160 类似，也是 4 位 BCD 十进制加法计数器，其逻辑符号及引脚图同图 3-26。预置和清零工作时在 CP 时钟的上升沿段同步。它与 74LS160 的差别仅在于 74LS160 是异步清零，而 74162 是同步清零。

项目3 数字钟的设计与仿真调试

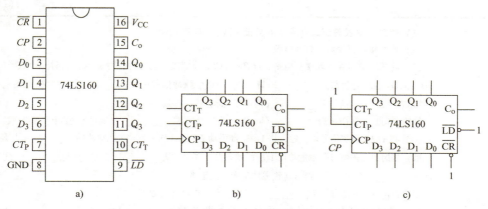

图 3-26　74LS160（74LS162）引脚图及惯用逻辑符号

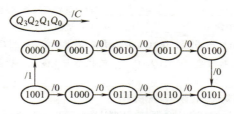

图 3-27　74LS160 十进制计数状态转移图

任务 3.2.2　集成计数器 74390 逻辑功能测试

任务编号	CS3-5	
任务名称	集成计数器 74390 逻辑功能测试	
任务要求	按测试程序要求完成所有测试内容，并撰写测试报告	
测试设备	数字电路综合测试系统	（1套）
	数字万用表	（1块）
元器件	集成电路 74390　二-五-十进制异步计数器	（1块）
测试电路	图 3-28　74390 逻辑功能测试电路	

（续）

测试程序	（1）按图 3-28 接好测试电路（16 脚接 +5V，8 脚接 GND） （2）检查接线无误后，打开电源 （3）将清零信号输入端接高电平，$1CP_0$、$1CP_1$ 分别接手动脉冲信号输入，此时，计数器的输出 $1Q_3 1Q_2 1Q_1 1Q_0$ 的状态为_____，与 $1CP_0$、$1CP_1$ 脉冲信号的输入_____（有关/无关），所以 74390 的 CLR 清零信号是_____（高电平/低电平）有效 结论：74390 中 CLR 为_____（同步/异步）清零端，_____（高电平/低电平）有效 （4）将 $1CLR$ 清零信号端接地，将 $1CP_0$ 接手动 CP 脉冲输入，当 CP 脉冲的_____（上升沿/下降沿）到时，二进制计数器的输出 $1Q_0$ 的状态发生变化，从_____（0 或 1）到_____（0 或 1）回到_____（0 或 1），画出其状态转移图及波形图 结论：74390 中含有一个_____（二/五/十）进制的计数器 （5）将 $1CLR$ 清零信号端接地，将 $1CP_1$ 接手动 CP 脉冲输入，当 CP 脉冲的_____（上升沿/下降沿）到时，五进制计数器的输出 $1Q_3 1Q_2 1Q_1$ 的状态发生变化，状态变化为_____→_____→_____→_____→_____→_____，画出其状态转移图及波形图 结论：74390 中含有一个_____（二/五/十）进制的计数器 （6）将 $1Q_0$ 和 $1CP_1$ 相连，在 $1CP_0$ 加入手动 CP 脉冲输入，当 CP 脉冲的_____（上升沿/下降沿）到时，计数器的输出 $1Q_3 1Q_2 1Q_1 1Q_0$ 的状态发生变化，状态变化为_____→_____→_____→_____→_____→_____→_____→_____→_____→_____→_____，画出其状态转移图及波形图 结论：74390 中的二进制计数器和五进制计数器可以构成一个_____进制计数器，所构成的十进制计数器是_____（异步/同步）计数器
结论 与体会	

1. 74390 逻辑符号及各引脚功能

74390 为二-五-十进制异步计数器，在一片 74390 集成芯片中封装了两个二-五-十进制的异步计数器。所谓二-五-十进制异步计数器是由一个二进制计数器和一个五进制计数器组合而成的，每个二-五-十进制分别有各自的清零端 CLR。图 3-29 是 74390 引脚图和惯用逻辑符号。

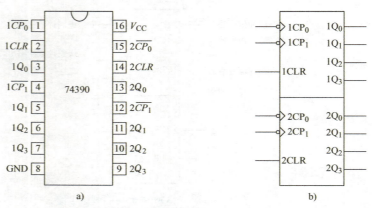

图 3-29　74390 的引脚图及惯用逻辑符号

下面对74390各个输入/输出端的作用进行介绍。

$\overline{1CP_0}$二进制计数器时钟输入端：下降沿有效。

$\overline{1CP_1}$五进制计数器时钟输入端：下降沿有效。

$1CLR$ 清零端：高电平有效。当 $CLR=1$ 时，输出 $1Q_31Q_21Q_11Q_0=0000$。

Q_3、Q_2、Q_1、Q_0 为计数器的输出端：其中 Q_0 是独立的，是二进制计数器的输出端；$Q_3Q_2Q_1$ 是五进制计数器的输出端。如需实现十进制计数器功能应将 Q_0 与 CP_1 相连或将 Q_3 与 CP_0 相连。这两种连接方式构成的十进制计数器计数的结果相同，但其编码结果不同，如图 3-30 所示。

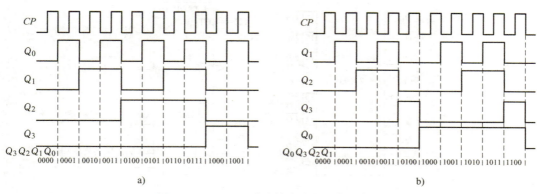

图 3-30　74390 两种连接方式的工作时序图

2. 74LS290 集成异步十进制计数器逻辑符号及各引脚功能

图 3-31 是 74LS290 的引脚图及逻辑符号。74LS290 是由一个二进制计数器和一个五进制计数器组合而成的，另外还有异步清零端和异步置数端。其中 $M=2$ 和 $M=5$ 分别表示了二进制计数器和五进制计数器。

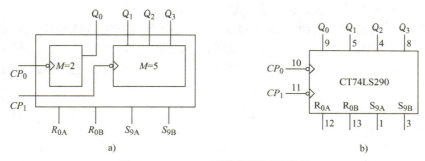

图 3-31　74LS290 引脚图及逻辑符号

下面对 74LS290 各输入/输出端的功能进行介绍。

CP_0、CP_1 分别为二进制计数器和五进制计数器的时钟输入端，为下降沿有效。

Q_3、Q_2、Q_1、Q_0 为计数器的输出端。

R_{0A}、R_{0B} 为异步清零输入端：从图中可以看出，R_{0A}、R_{0B} 是"与"逻辑关系，当 $R_{0A}R_{0B}=11$ 时，输出对应的十进制数被清零，即 $Q_3Q_2Q_1Q_0=0000$。正常计数时，R_{0A}、R_{0B} 至少有一个为 0。

S_{9A}、S_{9B} 为异步置 9 输入端：它们两个输入的关系为"与"逻辑关系，当 $S_{9A}S_{9B}=11$ 时，输出对应十进制数为 9，即 $Q_3Q_2Q_1Q_0=1001$。正常计数时，S_{9A}、S_{9B} 至少有一个为 0。

3. 可逆计数器 74LS193

上面介绍的二进制计数器和十进制计数器均为加计数，而另外一类计数器既可以加计数也可以减计数，这类计数器就是可逆计数器。可逆计数器可分为单时钟和双时钟两类，这里主要介绍双时钟可逆计数器 74LS193，74LS193 是 4 位同步二进制（BIN）加或减计数器，预置和清零为异步工作方式。图 3-32 是 74LS193 的引脚图和逻辑符号。

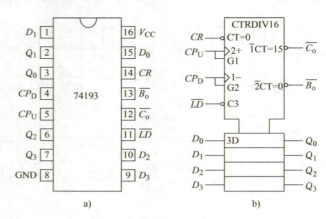

图 3-32　74LS193 的引脚图及逻辑符号

从图 3-32 中可以看出该计数器有如下的输入/输出端。

CP_U、CP_D 为计数器的两个时钟输入端：CP_U 为加计数的时钟输入，CP_D 为减计数的时钟输入，两个时钟均为上升沿有效；$\overline{B_o}$、$\overline{C_o}$ 为计数器借位输出和进位输出，为低电平有效。CR 为异步清零输入端，高电平有效；D_3、D_2、D_1、D_0 为并行数据输入端；$\overline{LD}$ 为异步并行置数控制端，低电平有效；Q_3、Q_2、Q_1、Q_0 为计数器输出端。

双时钟可逆计数器除了上面介绍的 74LS193，还有 74LS190、74LS191、74LS192。它们的主要区别在于：74LS190 为同步十进制加/减计数器，74LS191 为异步十进制加/减计数器，74LS192 为同步四位二进制加/减计数器，74LS193 为异步四位二进制加/减计数器。

任务 3.3　数字钟的设计与仿真调试

项目任务单如下：

项目名称			项目 3　数字钟的设计与仿真调试
任务编号	3.3	任务名称	数字钟的设计与仿真调试
任务内容			1. 使用数字电路综合实训箱设计并搭建电路，完成数字钟秒、分钟、小时电路原理图及电路级联的设计、元器件选型，并用 Multisim 仿真电路并进行调试 步骤：分析电路的功能进行电路的设计；计数器要求选用 74LS161，完成其他元器件的选择、电路的仿真调试 2. 撰写设计报告

任务实施准备	74LS161 等芯片、计算机、Multisim 软件
任务要求与考核标准	1. 总体方案选择：根据设计任务要求及性能指标，选择合适的设计方案，画出电路的总体方案原理图 2. 元器件的选择：根据设计任务要求及性能指标，选择合适的元器件，列出所用的元器件 3. 电路的仿真调试：用 Multisim 软件绘制电路图，并进行电路的功能仿真与调试 4. 小组汇报和展示：小组汇报条理清晰，设计作品能实现设计功能 5. 设计报告：能规范撰写设计报告

计数器模数的变化：

上面我们介绍的大部分计数器为二进制计数器（模十六计数器）、十进制计数器等。而数字钟的秒计数器和分钟计数器都是六十进制计数器，小时计数器有十二进制计数器和二十四进制计数器，因此，要实现这样进制的计数器就必须对常用的集成计数器进行模数变化。通常计数器模数的变化有以下几种方式：

1. 串接法

串接法就是将若干个计数器串接，其结果的模就是每个计数器的模的乘积，故通常又称为乘数法，如前面介绍的 74LS390 构成的十进制计数器就是两种不同的串接方法。实际上二进制计数器和五进制计数器进行串接，就构成了十进制计数器。

2. 清零法

图 3-33a 是利用清零法使得计数器的模数变化为十进制。

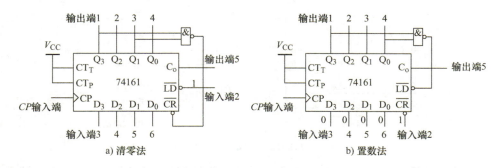

图 3-33 74161 构成十进制计数器的接线图

在图 3-33a 中，因为 74161 的清零端为异步清零，所以当输出 $Q_3Q_2Q_1Q_0 = 1010$ 时，$\overline{Q_3Q_1}$ 输出一个低电平送入异步清零端，立刻将输出清零，即 $Q_3Q_2Q_1Q_0 = 0000$。计数器立刻从 1010 状态进入 0000 状态，因此 1010 是个非常短暂的瞬间，实际上计数器立刻从 1001 状态进入到 0000 状态，实现了十进制计数器的逻辑功能，实现了计数器模数的转换。图 3-34 是利用清零法转换计数器模数的状态转移图。

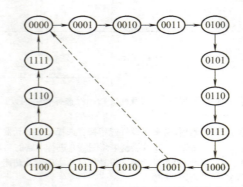

图 3-34 利用清零法转换计数器模数的状态转移图

3. 置数法

图 3-33b 是利用置数法使得计数器的模数变化为十进制。

利用清零的方法可以进行模数的变化，但计数器必须从 0000 开始计数，而有些情况希望计数器的输出不从零开始。例如电梯的楼层显示、电视预置台号等，若使用清零法就无法实现，所以我们采取置数法来实现，例如要实现 1~8 的循环计数功能，只需在 1000 时将输出状态置为 0001 即可。

图 3-33b 是用置数法构成十进制的接线图，就是在输出状态为 1001 时，将数 0000 置入输出端。

【例 3.4】 使用清零法和置数法利用 74LS161 集成二进制计数器设计一个十二进制计数器（0~11）。要求：完成原理图设计、元器件选型、电路装接与调试、电路性能检测、设计文档编写。

解：(1) 电路原理图设计，如图 3-35 所示。

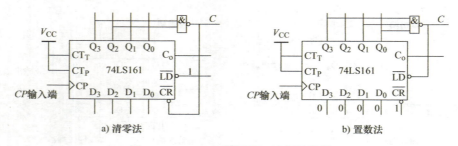

a) 清零法　　　　　　　　　　　　　　b) 置数法

图 3-35　74LS161 构成十二进制计数器

(2) 元器件选型。根据电原理图要求，选择元器件型号。根据题目要求集成计数器选用 74LS161。清零法中的与非门用 74LS00，置数法中的三输入与非门用 74LS10。

(3) 电路装接与调试步骤：

1) 按图查看附录，对照 74LS161 的引脚图，在数字电路综合测试系统上，按图 3-35 连接电路。

2) 检查接线无误后，打开电源。

3) 利用实验仪上的手动 CP 时钟输入，观察每一个 CP 时钟的上升沿到时，输出端 $Q_3Q_2Q_1Q_0$ 状态的变化。

4）按图 3-35b 连接电路，利用实验仪上的手动 CP 时钟输入，观察每一个 CP 时钟的上升沿到时，输出端 $Q_3Q_2Q_1Q_0$ 状态的变化。

5）关闭电源，整理综合实验仪。

（4）电路性能验证，画出状态转移图（略）。

（5）设计文档编写（略）。

任务 3.3.1　用 74LS161 及简单门电路构成六十进制计数器（0～59）

任务编号	SJ3-2
任务名称	用 74LS61 及简单门电路构成六十进制计数器（0～59）
任务要求	1. 设计功能指标 用清零法利用 74161 集成十进制计数器及简单门电路设计一个六十进制计数器（0～59） 2. 任务要求 完成原理图设计、元器件选型、电路装接与调试、电路性能检测、设计文档编写
测试设备	数字电路综合测试系统　　　　　　　　　　　　　（1套） 数字万用表　　　　　　　　　　　　　　　　　　（1块） 注：根据设计测试要求填入
元器件	注：根据设计要求，选型填入
设计步骤	注：请写出设计步骤
测试电路	注：根据具体设计画出
测试程序	注：请写出测试和验证步骤
结论与体会	

任务 3.3.2　用 74LS161 及简单门电路构成二十四进制计数器（0～23）

任务编号	SJ3-3
任务名称	用 74LS161 及简单门电路构成二十四进制计数器（0～23）
任务要求	1. 设计功能指标 用清零法利用 74161 集成十进制计数器及简单门电路设计一个二十四进制计数器（0～23） 2. 任务要求 完成原理图设计、元器件选型、电路装接与调试、电路性能检测、设计文档编写
测试设备	数字电路综合测试系统　　　　　　　　　　　　　（1套） 数字万用表　　　　　　　　　　　　　　　　　　（1块） 注：根据设计测试要求填入
元器件	注：根据设计要求，选型填入
设计步骤	注：请写出设计步骤
测试电路	注：根据具体设计画出
测试程序	注：请写出测试和验证步骤
结论与体会	

任务 3.3.3　数字钟指示电路设计与仿真调试

任务编号	SJ3-4
任务名称	数字钟指示电路设计与仿真调试
任务要求	数字钟电路由一个六十进制的秒计数器、一个六十进制的分计数器、一个十二进制（二十四进制）小时计数器所构成。把周期为 1s 的时钟信号送入秒计数器，当计满 60 时，向分计数器进位；当分计数器计满 60 时向小时计数器进位；当小时计数器计满 12（24）时，给出总清零信号，数字钟又从 0 开始计时。请思考如何将秒、分、时计数器连接成一个完整的数字钟电路，画出相应的电路图 1. 设计功能指标 （1）用清零法利用 74161 集成十进制计数器及简单门电路设计两个六十进制计数器（0~59）分别为秒计数电路和分计数电路 （2）用清零法利用 74161 集成十进制计数器及简单门电路设计一个二十四进制计数器（0~23）为小时计数电路 （3）将秒、分、时计数器连接成一个完整的数字钟电路，并用 Multisim 画出相应的电路图 （4）完成电路的仿真和调试 2. 任务要求 完成原理图设计、元器件选型、电路仿真与调试、设计文档编写
测试设备	计算机
	Multisim 软件
元器件	注：根据设计要求，选型填入
设计步骤	注：请写出设计步骤
测试电路	注：根据具体设计用 Multisim 画出，并进行仿真调试
结论与体会	

1. Multisim 10 系统简介

Multisim 10 是美国国家仪器公司（National Instruments，NI）推出的一款优秀的电子仿真软件。Multisim 10 易学易用，便于电子信息、通信工程、自动化、电气控制类专业学生自学，方便开展综合性的设计和实验，有利于培养学生综合分析能力、开发和创新的能力。

该软件具有以下功能：

1）Multisim 10 是一个原理电路设计、电路功能测试的虚拟仿真软件。

2）Multisim 10 的元器件库提供数千种电路元器件供实验选用。基本元器件库包含有电阻、电容等多种元器件。基本器件库中的虚拟元器件的参数是可以任意设置的，非虚拟元器件的参数是固定的，但是可以选择的。

3）Multisim 10 的虚拟测试仪器仪表种类齐全，有一般实验用的通用仪器，如万用表、函数信号发生器、双踪示波器、直流电源；而且还有一般实验室少有或没有的仪器，如波特图仪、字信号发生器、逻辑分析仪、逻辑转换器、失真仪、频谱分析仪及网络分析仪等。

4）Multisim 10 具有较为详细的电路分析功能，可完成电路的瞬态分析和稳态分析、时域和频域分析、器件的线性和非线性分析、电路的噪声分析和失真分析、离散傅里叶分析、电路零极点分析、交直流灵敏度分析等电路分析方法,以帮助设计人员分析电路的性能。

5) Multisim 10 可以设计、测试和演示各种电子电路,包括模拟电路、数字电路、射频电路及微控制器和接口电路等。可对被仿真的电路中的元器件设置各种故障,如开路、短路和不同程度的漏电等,从而观察不同故障情况下的电路工作状况。在进行仿真的同时,软件还可存储测试点的所有数据,列出被仿真电路的所有元器件清单,以及存储测试仪器的工作状态、显示波形和具体数据等。

6) Multisim 10 有丰富的帮助功能。

7) 利用 Multisim 10 可实现计算机仿真设计与虚拟实验,与传统的电子电路设计与实验方法相比,具有如下特点:设计与实验可同步进行,可边设计边实验,修改调试方便;设计和实验用的元器件及测试仪器仪表齐全,可完成各种类型的电路设计与实验;可方便地对电路参数进行测试和分析;可直接打印输出实验数据、测试参数、曲线和电路原理图;实验中不消耗实际的元器件,实验所需元器件的种类和数量不受限制,实验成本低,实验速度快,效率高;设计和实验成功的电路可直接在产品中使用。

2. Multisim 10 的基本界面

选择"开始"→"程序"→"National Instruments"→"Circuit Design Suite 10.0"→"multisim",启动 Multisim 10,可出现如图 3-36 所示的 Multisim 10 的主界面。

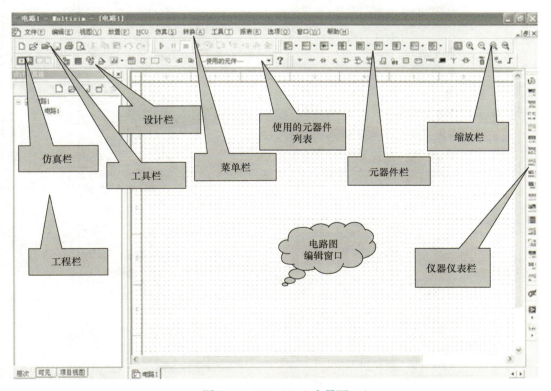

图 3-36　Multisim 10 主界面

主界面主要由菜单栏、工具栏、缩放栏、设计栏、仿真栏、工程栏、元器件栏、仪器仪表栏及电路图编辑窗口等部分组成。

（1）Multisim 10 菜单栏

Multisim 10 有 12 个主菜单，如图 3-37 所示。菜单中提供了本软件几乎所有的功能命令。

图 3-37　菜单栏

1）文件菜单：提供 19 个文件操作命令，如打开、保存和打印等。文件菜单中的命令及功能如图 3-38 所示。

2）编辑菜单：在电路绘制过程中，提供对电路和元器件进行剪切、粘贴、旋转等操作命令，共 21 个命令。编辑菜单中的命令及功能如图 3-39 所示。

图 3-38　文件菜单

图 3-39　编辑菜单

3)视图菜单:提供 19 个用于控制仿真界面上显示的内容的操作命令。视图菜单中的命令及功能如图 3-40 所示。

4)放置菜单:提供在电路工作窗口内放置元器件、连接点、总线和文字等 17 个命令。放置菜单中的命令及功能如图 3-41 所示。

图 3-40 视图菜单

图 3-41 放置菜单

5)MCU(微控制器)菜单:提供在电路工作窗口内 MCU 的调试操作命令。MCU 菜单中的命令及功能如图 3-42 所示。

6)仿真菜单:提供 18 个电路仿真设置与操作命令。仿真菜单中的命令及功能如图 3-43 所示。

7)转换菜单:提供 8 个传输命令。转换菜单中的命令及功能如图 3-44 所示。

8)工具菜单:提供 17 个元器件和电路编辑或管理命令。工具菜单中的命令及功能如图 3-45 所示。

9)报表菜单:提供材料清单等 6 个报告命令。报表菜单中的命令及功能如图 3-46 所示。

数字电子技术项目教程

图 3-42 MCU 菜单

图 3-43 仿真菜单

图 3-44 转换菜单

图 3-45 工具菜单

项目3 数字钟的设计与仿真调试 | 141

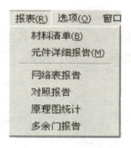

图 3-46 报表菜单

10）选项菜单：提供电路界面和电路某些功能的设定命令。选项菜单中的命令及功能如图 3-47 所示。

图 3-47 选项菜单

11）窗口菜单：提供 8 个窗口操作命令。窗口菜单中的命令及功能如图 3-48 所示。

图 3-48 窗口菜单

12）帮助菜单：为用户提供在线技术帮助和使用指导。帮助菜单中的命令及功能如图 3-49 所示。

图 3-49 帮助菜单

(2) Multisim 10 工具栏

Multisim 10 常用工具栏如图 3-50 所示。工具栏各图标名称依次为新建、打开文件、打开设计范例、存盘、打印、剪切、复制、粘贴、撤销、重做、切换全屏幕、放大、缩小、缩放到已选择面积、缩放到页。

图 3-50 常用工具栏

(3) Multisim 10 元器件库

Multisim 10 提供了丰富的元器件库，元器件工具条如图 3-51 所示。工具条各图标名称依次为电源/信号源库、基本元件库、二极管库、晶体管库、模拟集成电路库、TTL 数字集成电路库、CMOS 数字集成电路库、杂项数字集成电路库、数模混合集成电路库、指示器件库、电源器件库、其他元器件库、键盘显示器库、射频元器件库、机电类器件库、微控制器库。

图 3-51 元器件工具条

选择元器件工具条中每一个按钮都会弹出相应的元器件选择窗口。如图 3-52 所示为元器件组的元器件选择窗口。其中，一个元器件组有多个元器件系列，每一个元器件系列又有多个元器件。

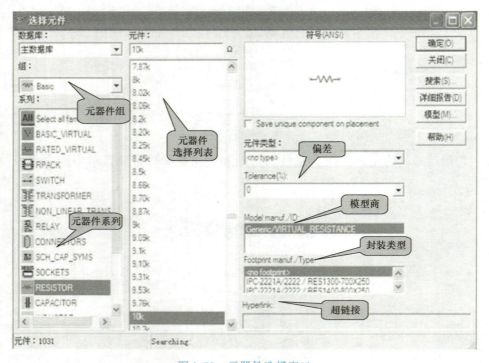

图 3-52 元器件选择窗口

（4）Multisim 10 虚拟仪表库

虚拟仪表工具条如图 3-53 所示。它是进行虚拟电子实验和电子设计仿真的最快捷而又形象的特殊工具。各仪表的功能名称与 Simulate（仿真）菜单下的虚拟仪表相同。各图标名称依次为万用表、失真度分析仪、函数信号发生器、功率表、示波器、频率计、安捷伦函数信号发生器、四踪示波器、波特图示仪、IV 分析仪、字发生器、逻辑转换器、逻辑分析仪、安捷伦示波器、安捷伦万用表、频谱分析仪、网络分析仪、泰克示波器、电流探针、Lab-VIEW 测试仪、测量探针。

图 3-53　仪表工具条

3. Multisim 10 电路创建基础

（1）元器件的选用

选用元器件时，首先在元器件库栏中用鼠标单击包含该元器件的图标，打开该元器件库。然后从选中的元器件库对话框中（图 3-54），用鼠标单击该元器件，再单击"确定"按钮，用鼠标拖曳该元器件到电路工作区的适当地方即可。

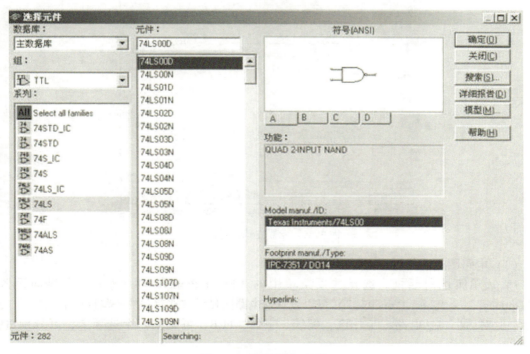

图 3-54　元器件库对话框

（2）元器件的操作

1）选中元器件。用鼠标左键单击所需要的元器件，元器件四周会出现一个矩形虚线框。

2）元器件的移动。用鼠标的左键单击该元器件（左键不松手），拖曳该元器件即可移动该元器件。

3）元器件的旋转与反转。先选中该元器件，然后单击鼠标右键或者选择"编辑"菜单进行编辑，选择菜单中的方向，再根据需要将所选择的元器件顺时针或逆时针方向旋转90°，或进行水平镜像、垂直镜像等操作。

4）元器件的复制、删除。对选中的元器件进行复制、移动、删除等操作时，可单击鼠标右键或者使用菜单中的剪切、复制和粘贴、删除等命令，实现元器件的复制、移动、删除等操作。

5）元器件标签、编号、数值、模型参数的设置。在选中元器件后，双击该元器件，或者选择"编辑""属性"→菜单，会弹出相应的对话框，在对话框中可以输入数据，如图3-55所示。元器件特性对话框具有多个选项卡可供设置，包括标签、显示、参数、故障、引脚、变量、用户定义共7个选项卡。

图3-55　元器件特性对话框

(3) 电路图选项的设置

1）表单属性对话框。选择选项菜单中的"Sheet Properties"（工作台界面设置）（"Options"→"Sheet Properties"）可以设置与电路图显示方式有关的一些选项卡，如图3-56所示。此对话框包括电路、工作区、配线、字体、PCB、可见共6个选项卡，可分别进行设置。

2）零件对话框。选择"Options"→"Global Preferences"对话框的"Part"选项，可弹出如图3-57所示的"零件"对话框。在"零件"对话框中，可对放置元器件方式、符号标准、数字仿真等进行设置。

项目3　数字钟的设计与仿真调试 | 145

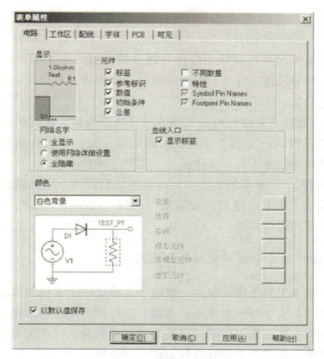

图 3-56　表单属性对话框

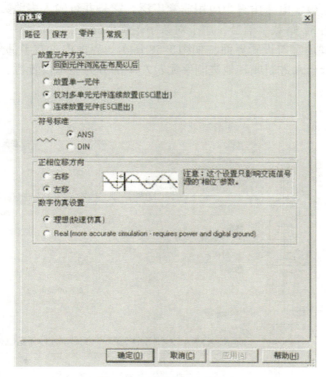

图 3-57　"零件"对话框

(4) 导线的操作

1) 导线的连接。在两个元器件之间，将鼠标指向一个元器件的端点使其出现一个小圆点，按下鼠标左键并拖曳出一根导线，拉住导线并指向另一个元器件的端点使其出现小圆点，释放鼠标左键，则导线连接完成。连接完成后，导线将自动选择合适的走向，不会与其他元器件或仪器发生交叉。

2) 连线的删除与改动。将鼠标指向元器件与导线的连接点使其出现一个圆点，按下鼠标左键拖曳该圆点使导线离开元器件端点，释放鼠标左键，导线自动消失，完成连线的删除。也可将拖曳移开的导线连至另一个连接点，实现连线的改动。

3) 改变导线的颜色。在复杂的电路中，可将导线设置为不同的颜色。要改变导线的颜色，用鼠标指向该导线，单击右键可出现菜单，选择"Change Color"选项，出现"颜色"选择框，然后选择合适的颜色即可。

4. Multisim 10 常用数字电路实验仪器仪表使用

Multisim 10 仪器仪表工具条中除包括一般电子实验室中所常用的仪器外，还有一些高档仪器，如安捷伦函数信号发生器、安捷伦示波器、安捷伦万用表、泰克示波器等；另外，还有几种用于数字电路实验的仪器，如字信号发生器、逻辑分析仪和逻辑转换仪。下面重点介绍字信号发生器、逻辑分析仪及逻辑转换仪的使用和设置方法。

(1) 字信号发生器

字信号发生器在数字电路仿真中应用非常广泛，它是并行输入多路数字信号的理想仿真工具。它最多可输出 32 路数字信号，用于对数字逻辑电路进行测试。

双击 XWG1 即弹出字符设置界面，如图 3-58 所示。界面中，右半部分为字信号编辑区，显示一系列 8 位并行十六进制或其他进制字元；左半部分为显示设置栏、控制设置栏、触发设置栏、频率设置栏。

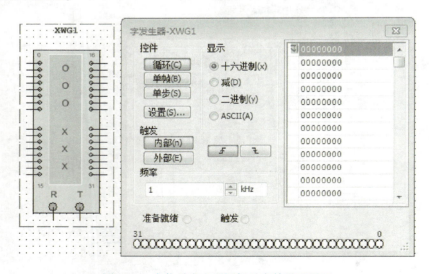

图 3-58　字信号发生器图标及字符设置界面

项目3 数字钟的设计与仿真调试 147

显示设置栏中有 4 个条目：Hex（十六进制）、Dec（十进制）、Binary（二进制）、ASCII 码。

控制设置栏中有 3 个条目：Cycle（循环输出）、Burst（一次性从初始地址到最大地址的字元输出）、Step（一次输出一个地址的字元）。

单击"设置"栏，在弹出窗口的"缓冲区大小"栏中设置字符组数，其数字决定输出字符组数（如输入5），单击"确认"按钮，即可得字信号发生器放大面板窗口中右边的字符组数，如图 3-59 所示。

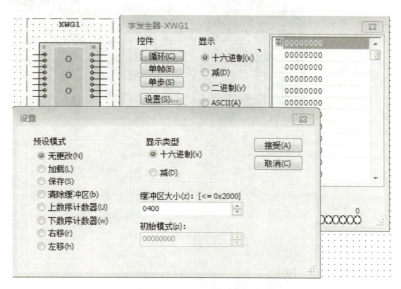

图 3-59 设置字符组数

触发设置栏可设置触发信号，包括内触发、外触发、上升沿触发及下降沿触发。

频率设置栏设置输出频率，是指字符发生器输出字元的频率。

（2）逻辑分析仪

逻辑分析仪用于对数字逻辑信号的高速采集和时序分析，可同步记录和显示 16 路数字信号。逻辑分析仪的图标及控制面板如图 3-60 所示。

图标中有 16 路信号输入端、外部时钟输入端 C、时钟控制输入端 Q 以及触发控制输入端 T。双击图标打开逻辑分析仪的控制面板，可进行参数设置和读取被测信号值。

1）时钟设置的介绍。

时钟/格：设置波形显示区中横轴每格显示的时钟数。

单击设置按钮后进入"时钟设置"对话框，如图 3-61 所示。

时钟源：选择外部触发，这时 C 端口必须接入外部时钟；选择内部触发，这时必须设置时钟频率值；通常选择内部触发。

时钟频率：设置内部信号时钟频率，可在 1Hz ~ 100MHz 范围内选择。

时钟限制：表示对外部信号时钟的限制。其值为 1，表示 Q 端输入 1 时，开放时钟，逻辑分析仪可进行波形采集；其值为 0，表示 Q 端输入 0 时，开放时钟；其值为 X 时，表示时钟始终开放，不受 Q 端输入限制。

取样设置：可进行预触发取样点、后置触发取样点和阈值电压设置。

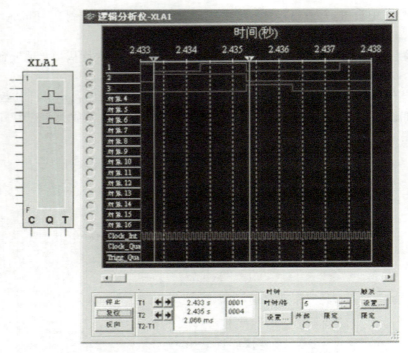

图 3-60　逻辑分析仪的图标及控制面板

图 3-61　"时钟设置"对话框

2）触发信号设置。单击触发下方的"设置"按钮后进入"触发设置"对话框，如图 3-62 所示。

触发时钟边沿：正边沿、负边沿、两者均可。

触发模式：由 A、B、C 定义触发模式，触发组合下有 21 种触发组合可以选择。逻辑分析仪只有在满足触发字的组合条件时才被触发而采集波形数据。

触发限制：表示对外部触发控制输入端的限制。其值为 1，表示 T 端输入 1 时，开放外部触发信号，逻辑分析仪可以进行波形采集；其值为 0，则 T 端输入 0 时，开放外部触发信号；其值为 X 时，则外部触发信号始终开放，不受 T 端输入限制。

读取被测信号值：可在显示屏上读取输出波形的周期、频率，也可通过移动标尺 1、标尺 2，在显示屏的下方 T1、T2、T2－T1 读取输出波形的周期、频率。

项目3 数字钟的设计与仿真调试 149

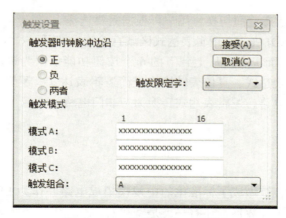

图 3-62 "触发设置"对话框

(3) 逻辑转换仪

逻辑转换仪是 Multisim 特有的仪器,能够完成真值表、逻辑表达式和逻辑电路三者之间的相互转换。实际中,不存在与此对应的设备。其图标和面板如图 3-63 所示。图标中有 9 个接线端,其中,左边的 8 路为信号输入端,右边的 1 路为信号输出端。双击图标打开逻辑转换仪的控制面板,左边为真值表区域(其中,左栏显示序号,中栏显示输入变量值,右栏显示输出变量值),下边为逻辑表达式区域,右边为 6 个转换功能选择按钮。

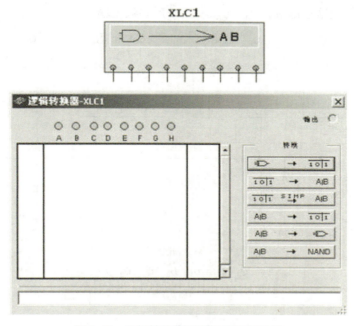

图 3-63 逻辑转换仪的图标及控制面板

1) 真值表输入方法的介绍。

① 输入变量值。真值表中栏上方共有 8 个变量(A、B、…、H)可供选择,用鼠标左键单击所需变量,则自动产生序号和输入变量值。

② 输出变量值。输入变量值确定后,输出变量值全部显示为"?",用鼠标左键单击会

在"？、0、1、X4"种状态之间切换，用户可根据需要选择。

2）逻辑表达式输入方法：在逻辑表达式区域直接输入即可。

3）转换功能选择。面板右边从上到下的 6 个按钮功能依次为逻辑电路转换为真值表、真值表转换为与或逻辑表达式、真值表转换为最简逻辑表达式、逻辑表达式转换为真值表、逻辑表达式转换为逻辑电路、逻辑表达式转换为与非门电路。

【知识拓展】

在时序逻辑电路中，被做成了标准化的中规模集成电路并作为 EDA 软件中的标准模块存储在元器件库中的除了计数器，还有一类是寄存器。

1. 数码寄存器

数码寄存器——存储二进制数码的时序电路组件，它具有接收和寄存二进制数码的逻辑功能。前面介绍的各种集成触发器，就是一种可以存储一位二进制数的寄存器，用 n 个触发器就可以存储 n 位二进制数。

图 3-64a 所示是由 D 触发器组成的 4 位集成寄存器 74HC175 的逻辑电路图，其引脚图如图 3-64b 所示。其中，R_D 是异步清零控制端，$D_0 \sim D_3$ 是并行数据输入端，CP 为时钟脉冲端，$Q_0 \sim Q_3$ 是并行数据输出端，$\overline{Q_0} \sim \overline{Q_3}$ 是 1～4 反码数据输出端。

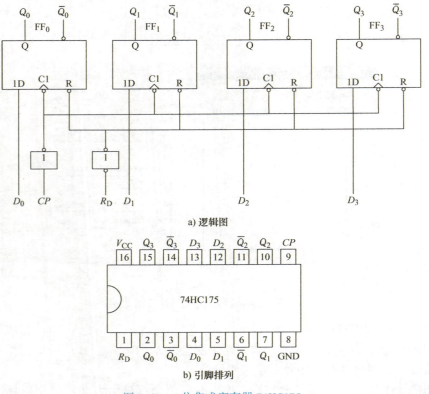

图 3-64　4 位集成寄存器 74HC175

该电路的数码接收过程为：将需要存储的 4 位二进制数码送到数据输入端 $D_0 \sim D_3$，在 CP 端送一个时钟脉冲，脉冲上升沿作用后，4 位数码并行地出现在 4 个触发器 Q 端。

74HC175 的功能表示于表 3-7 中。

表 3-7　74HC175 的功能表

清零	时钟	输入				输出				工作模式
R_D	CP	D_0	D_1	D_2	D_3	Q_0	Q_1	Q_2	Q_3	
0	×	×	×	×	×	0	0	0	0	异步清零
1	↑	D_0	D_1	D_2	D_3	D_0	D_1	D_2	D_3	数码寄存
1	1	×	×	×	×	保　持				数据保持
1	0	×	×	×	×	保　持				数据保持

2. 移位寄存器

移位寄存器不但可以寄存数码，而且在移位脉冲作用下，寄存器中的数码可根据需要向左或向右移动 1 位。移位寄存器也是数字系统和计算机中应用很广泛的基本逻辑部件。

（1）单向 4 位右移移位寄存器

D 触发器组成的 4 位右移（上移）寄存器如图 3-65 所示，设移位寄存器的初始状态为 0000，串行输入数码 $D_I = 1101$，从数据的高位到低位依次输入。在 4 个移位脉冲作用后，输入的 4 位串行数码 1101 全部存入了寄存器中。右移寄存器的状态表如表 3-8 所示，时序图如图 3-66 所示。

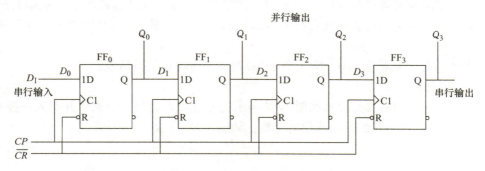

图 3-65　D 触发器组成的 4 位右移寄存器

表 3-8　右移寄存器的状态表

移位脉冲	输入数码	输出			
CP	D_I	Q_0	Q_1	Q_2	Q_3
0		0	0	0	0
1	1	1	0	0	0
2	1	1	1	0	0
3	0	0	1	1	0
4	1	1	0	1	1

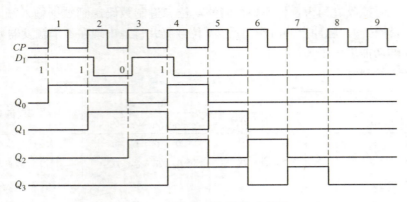

图 3-66　图 3-65 电路的时序图

移位寄存器中的数码可由 Q_3、Q_2、Q_1 和 Q_0 并行输出，也可从 Q_3 串行输出。串行输出时，要继续输入 4 个移位脉冲，才能将寄存器中存放的 4 位数码 1101 依次输出。图 3-65 中第 5 到第 8 个 CP 脉冲及所对应的 Q_3、Q_2、Q_1 和 Q_0 波形，就是将 4 位数码 1101 串行输出的过程。所以，移位寄存器具有串行输入—并行输出和串行输入—串行输出两种工作方式。

（2）单向 4 位左移位寄存器

D 触发器组成的 4 位左移（下移）寄存器如图 3-67 所示，其工作原理和右移位寄存器相同。

单向移位寄存器具有以下主要特点：

1）单向移位寄存器中的数码，在 CP 脉冲操作下，可以依次右移或左移。

2）n 位单向移位寄存器可以寄存 n 位二进制代码。n 个 CP 脉冲即可完成串行输入工作，此后可从 $Q_0 \sim Q_{n-1}$ 端获得并行的 n 位二进制数码，再用 n 个 CP 脉冲又可实现串行输出操作。

3）若串行输入端状态为 0，则 n 个 CP 脉冲后，寄存器便被清零。

（3）双向移位寄存器

将图 3-65 所示的右移寄存器和图 3-67 所示的左移寄存器组合起来，并引入一控制端 S 便构成既可左移又可右移的双向移位寄存器，如图 3-68 所示。

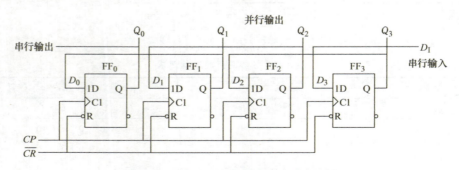

图 3-67　D 触发器组成的 4 位左移寄存器

由图可知该电路的驱动方程为

$$D_0 = \overline{S\,\overline{D_{SR}} + \overline{S}\,\overline{Q_1}} \qquad D_1 = \overline{S\,\overline{Q_0} + \overline{S}\,\overline{Q_2}}$$

$$D_2 = \overline{S\ \overline{Q_1}} + \overline{\overline{S}\ \overline{Q_3}} \qquad D_3 = \overline{S\ \overline{Q_2}} + \overline{\overline{S}\ \overline{D_{SL}}}$$

D_{SR} 为右移串行输入端，D_{SL} 为左移串行输入端。当 $S=1$ 时，$D_0 = D_{SR}$、$D_1 = Q_0$、$D_2 = Q_1$、$D_3 = Q_2$，在 CP 脉冲作用下，实现右移操作；当 $S=0$ 时，$D_0 = Q_1$、$D_1 = Q_2$、$D_2 = Q_3$、$D_3 = D_{SL}$，在 CP 脉冲作用下，实现左移操作。

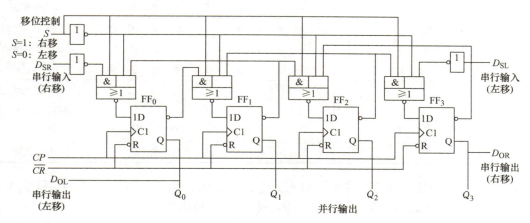

图 3-68　D 触发器组成的 4 位双向移位寄存器

3. 集成移位寄存器 74HC194

图 3-69 是由 4 个触发器组成的功能很强的 4 位移位寄存器 74HC194，其功能表如表 3-9 所示。

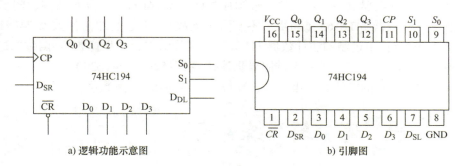

图 3-69　集成移位寄存器 74HC194

由表 3-9 可以看出 74HC194 具有如下功能：

1) 异步清零。当 $\overline{CR}=0$ 时即刻清零，与其他输入状态及 CP 无关。

2) S_1、S_0 是控制输入。当 $\overline{CR}=1$ 时，74194 有如下 4 种工作方式：

当 $S_1S_0=00$ 时，不论有无 CP 到来，各触发器状态不变，为保持工作状态。

当 $S_1S_0=01$ 时，在 CP 的上升沿作用下，实现右移（上移）操作，流向是 $D_{SR}-Q_0-Q_1-Q_2-Q_3$。

当 $S_1S_0=10$ 时，在 CP 的上升沿作用下，实现左移（下移）操作，流向是 $D_{SR}-Q_3-Q_2-Q_1-Q_0$。

当 $S_1S_0=11$ 时，在 CP 的上升沿作用下，实现置数操作。

表 3-9　74HC194 的功能表

输入										输出				工作模式
清零	控制		串行输入		时钟	并行输入								
$\overline{CR}$	S_1	S_0	D_{SL}	D_{SR}	CP	D_0	D_1	D_2	D_3	Q_0	Q_1	Q_2	Q_3	
0	×	×	×	×	×	×	×	×	×	0	0	0	0	异步清零
1	0	0	×	×	×	×	×	×	×	Q_0^n	Q_1^n	Q_2^n	Q_3^n	保持
1	0	1	×	1	↑	×	×	×	×	1	Q_0^n	Q_1^n	Q_2^n	右移，D_{SR} 为串行输入，Q_3 为串行输出
1	0	1	×	0	↑	×	×	×	×	0	Q_0^n	Q_1^n	Q_2^n	
1	1	0	1	×	↑	×	×	×	×	Q_1^n	Q_2^n	Q_3^n	1	左移，D_{SL} 为串行输入，Q_0 为串行输出
1	1	0	0	×	↑	×	×	×	×	Q_1^n	Q_2^n	Q_3^n	0	
1	1	1	×	×	↑	D_0	D_1	D_2	D_3	D_0	D_1	D_2	D_3	并行置数

D_{SL} 和 D_{SR} 分别是左移和右移串行输入。D_0、D_1、D_2、D_3 是并行输入端。Q_0 和 Q_3 分别是左移和右移时的串行输出端，Q_0、Q_1、Q_2、Q_3 为并行输出端。

知 识 小 结

- D 触发器和 JK 触发器可以构成四进制、八进制、十六进制等异步计数器。
- D 触发器和 JK 触发器可以实现同步计数器等时序电路逻辑功能。
- 常用的集成计数器电路有：四位二进制加法计数器 74LS161（异步清零、同步置数）；四位二进制加法计数器 74LS163（同步清零、同步置数）；十进制加法计数器 74LS160（异步清零、同步置数）；十进制加法计数器 74LS162（同步清零、同步置数）；四位二进制同步可逆计数器 74LS193 等；二—五—十进制异步计数器 74LS290、74LS390。
- 计数器模数变化的方法有：串接法、复位法（清零法）、置数法。

思 考 与 练 习

1. 分析图 3-70 中时序电路的逻辑功能。

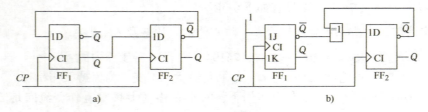

图 3-70　题 1 图

2. 分别用 D、JK 触发器设计一个同步八进制加法计数器（0~7）。
3. 分析图 3-71 所示计数器为几进制计数器。

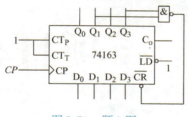

图 3-71　题 3 图

4. 图 3-72 所示电路是用二-十进制优先编码器 74LS147 和同步十进制计数器 74160 组成的可控分频器，试说明当输入控制信号 A、B、C、D、E、F、G、H、I 分别为低电平时，由 Y 端输出的脉冲频率各为多少。已知 CP 端的输入脉冲的频率为 10kHz。

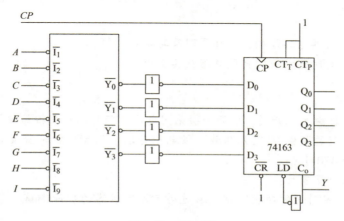

图 3-72　题 4 图

项目 4

电子门铃电路的设计与仿真

项目目标：

1. 熟悉 555 定时器电路结构、工作原理及其特点。
2. 掌握由 555 定时器构成的典型电路及其应用。

项目引入：

门铃的作用是提醒主人开门，电源一般采用电池，门外的触发按钮被按动后，门内的门铃就发出声响，也有的是由 IC 芯片播放一段电子音乐。用 555 定时器设计制作一个简易门铃，门铃的音频为 470kHz。

本项目共有两个子项目：

任务 4.1：555 定时器的功能测试。通过对 555 定时器的功能测试，掌握由 555 定时器构成的典型电路及应用。

任务 4.2：电子门铃电路的设计与仿真。通过对 555 定时器电路的应用，了解电子门铃电路的工作原理，并能使用 Multisim 仿真软件绘制电路图并分析、仿真电路的功能。

预备知识：

在数字系统中，常需要上升沿和下降沿十分陡峭的各种不同频率、不同幅度的脉冲信号（如 CP 时钟脉冲信号）。获得这些脉冲信号，通常有两种方法：一种是用多谐振荡器直接产生；另一种是对已有信号进行整形。本项目将介绍产生脉冲信号的不同方法，着重介绍用 555 时基电路构成的多谐振荡器产生脉冲信号的方法。

产生脉冲信号的电路通常称为振荡器（或多谐振荡器），以下介绍几种振荡电路的类型。

1. 石英晶体振荡器电路

由石英晶体 J_1、CMOS 非门、RC 所构成的石英晶体振荡器电路如图 4-1 所示。石英晶体是一种具有较高频率稳定性及准确性的选频器件，图 4-1 中输出波形的振荡频率取决于 J_1 的谐振频率，经过第二级非门的整形，输出 32.768kHz 的方波信号。

2. RC 振荡器

（1）环形振荡器

任何奇数个反相器头尾相连环接起来，便可构成环形振荡器。假设构成环形振荡器的级

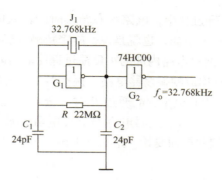

图 4-1 石英晶体振荡器电路

数为 n，且一级反相器的传输延迟时间为 T_p，则一个振荡周期 $T = 2nT_p$。图 4-2 所示振荡器电路的频率主要取决于每一级反相器的传输延迟时间。若电源电压、工作温度及负载条件发生变化时，其振荡频率也随之变动。

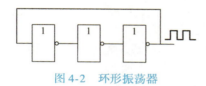

图 4-2 环形振荡器

（2）三级反相器 RC 振荡器

图 4-3 中，当 $R_2 \gg R_1$，且 CMOS 非门的阈值电平 $V_T = \frac{1}{2}V_{DD}$ 时，$T = 2.2R_1C$，$f = 0.455/R_1C$。这种电路输出信号较稳定，适用于低频。

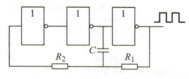

图 4-3 三级非门构成的 RC 振荡器

（3）二级反相器 RC 振荡器

图 4-4 所示振荡器电路的优点是可以少用一级反相器，电路成本低，但有一个缺点，即电阻和电容小到一定程度后，电路就不能起振，这种振荡器的最高频率一般在 2MHz 之内。而三级振荡器就不管电阻、电容值多小，都总能起振。

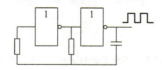

图 4-4 二级非门构成的 RC 振荡器

3. 由施密特触发器组成的多谐振荡器

施密特触发器是脉冲波形变化中经常使用的一种电路，它在性能上有两个重要的特点：

1）输入信号从低电平上升过程中，电路状态转换时的输入电平，与输入信号从高电平下降过程中对应的输入转换电平不同。也就是说，施密特触发器有两个阈值电平。

2）在电路状态转换时，通过电路内部的正反馈过程使输出电压波形的边沿变得更陡。

图4-5是由施密特触发器构成的振荡器电路，振荡器工作的原理是：接通电源瞬间，电容C上的电压为0V，输出u_o为高电平，u_o通过R对C充电，当u_i上的电压大于V_{T+}正时，输出u_o翻转为低电平，输出$u_o \approx 0V$，此时电容C通过电阻R放电，当电容上电压$u_i < V_{T-}$时，则u_o又翻转为高电平。如此周而复始，形成了如图4-6所示的振荡波形。此电路最大可能的振荡频率为10MHz。

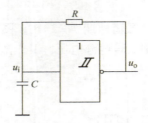

图4-5 施密特触发器构成的振荡器电路

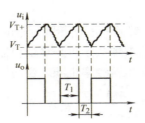

图4-6 u_i和u_o的波形图

任务4.1　555定时器的功能测试

项目任务单如下：

项目名称		项目4　电子门铃电路的设计与仿真
任务编号	4.1　　任务名称	555定时器的功能测试
任务内容		1. 使用数字电路综合实训箱设计、搭建电路，完成如下工作 （1）555定时器构成的多谐振荡电路的测试 （2）555定时器构成的施密特触发器电路的测试 步骤：按测试电路图接好电路，接通电源，观察输出结果，分析电路的逻辑功能 2. 撰写测试报告
任务实施准备		综合实训箱；数字万用表；示波器；555定时器、电阻等
任务要求与考核标准		1. 测试任务准备：能正确查阅手册了解测试电路中集成电路的逻辑功能及其引脚图，了解各引脚的功能，掌握测试设备的使用方法 2. 电路的连接与调试：能根据测试电路接好电路图，进行电路的调试及故障的处理 3. 测试结果记录及分析：能正确记录测试结果，并根据测试结果进行电路的功能分析 4. 测试报告：能规范撰写测试报告

项目4 电子门铃电路的设计与仿真

任务 4.1.1　555 定时器构成的多谐振荡电路的功能测试

任务编号	CS4-1
任务名称	555 定时器构成的多谐振荡电路的功能测试
任务要求	按测试程序要求完成所有测试内容，并撰写测试报告
测试设备	数字电路综合测试系统　　　　　　　　　　　　（1 套） 示波器　　　　　　　　　　　　　　　　　　　（1 台）
元器件	555 定时器，电位器，电阻、电容若干
测试电路	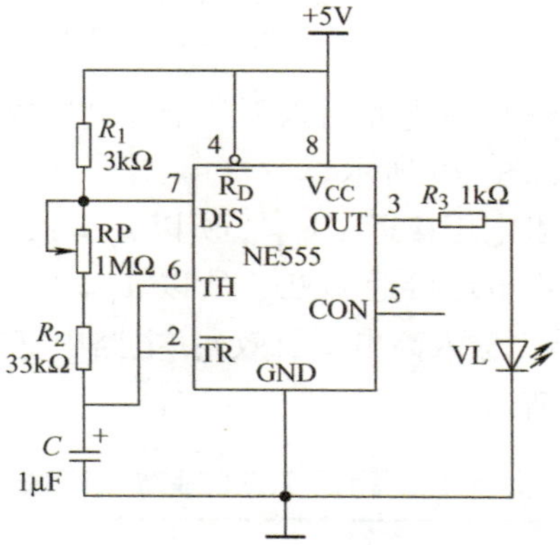 图 4-7　多谐振荡电路
测试程序	（1）按图 4-7 接好电路 （2）检查接线无误后，打开电源 （3）调节电位器 RP 的大小，用示波器分别观察 u_C、u_o 的波形，并记录电位器为不同值时输出波形的频率和占空比大小 （4）保持电位器的值不变，改变电容 C 的大小，观察输出波形的变化，并记录输出波形的频率和占空比大小
结论 与体会	

1. 555 时基电路构成的多谐振荡器电路

（1）555 时基电路的内部结构

555 时基电路是一种介于模拟电路与数字电路之间的一种混合电路。图 4-8a 为 555 时基电路的内部结构框图。图 4-8b 为 555 时基电路引脚排列。

从图 4-8a 可以看出，555 时基电路内部由 2 个比较器、1 个 RS 触发器、1 个倒相器以及放电管和分压电阻组成。由于比较器属于模拟电路，触发器属于数字电路，所以 555 时基电路通常称为混合电路。

引脚图介绍：1 地 GND、2 触发、3 输出、4 复位、5 控制电压、6 门限（阈值）、7 放电、8 电源电压 V_{CC}。

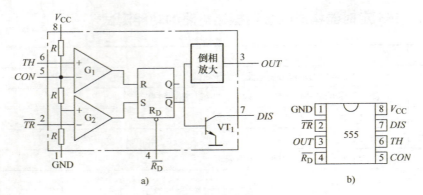

图 4-8　555 时基电路内部结构及引脚分列

由图 4-8a 可知，555 时基电路由以下几个部分构成：

1) 比较器电路，如图 4-9 所示。

当 $V_+ > V_-$ 时，输出电压接近 $+V_{CC}$，所以 $u_o = 1$；

当 $V_+ < V_-$ 时，输出电压接近 GND，所以 $u_o = 0$。

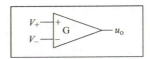

图 4-9　比较器电路

2) 基本 RS 触发器（输入高电平有效）：电路中基本 RS 触发器的逻辑功能如表 4-1 所示。

表 4-1　高电平有效的基本 RS 触发器功能真值表

R	S	Q	$\overline{Q}$
0	0	保持	保持
0	1	1	0
1	0	0	1
1	1	0	0

3) 分压电路：将电压三等分，电源电压为 V_{CC} 时，比较器 G_1（-）为 $\frac{2}{3}V_{CC}$，比较器 G_2（+）为 $\frac{1}{3}V_{CC}$。

分析逻辑功能：

① 当 $\overline{R_D}$ 为 0 时，555 时基电路复位，$Q=0$，$\overline{Q}=1$，输出 3（OUT）为 0，放电管导通。

② $\overline{R_D}$ 为 1 时，555 时基电路正常工作。当 $U_{TH} > \frac{2}{3}V_{CC}$，$\overline{U_{TR}} > \frac{1}{3}V_{CC}$ 时，$R=1$，$S=0$，则 $Q=0$，$\overline{Q}=1$，3 脚输出为 0，放电管导通。

③ 当 $U_{TH} < \frac{2}{3}V_{CC}$，$\overline{U_{TR}} > \frac{1}{3}V_{CC}$ 时，$R=0$，$S=0$，则 Q 及 $\overline{Q}$ 保持原状态不变。

④ 当 $U_{TH} > \frac{2}{3}V_{CC}$，$\overline{U_{TR}} < \frac{1}{3}V_{CC}$ 时，$R=1$，$S=1$，则 $Q=\overline{Q}=0$，3 脚输出为 1，放电管截止。

⑤ 当 $U_{TH} < \frac{2}{3}V_{CC}$，$\overline{U_{TR}} < \frac{1}{3}V_{CC}$ 时，$R=0$，$S=1$，则 $Q=1$，$\overline{Q}=0$，3 脚输出为 1，放电管截止。

通过以上分析，将 555 时基电路的功能列于表 4-2 中。

表 4-2 555 时基电路功能真值表

U_{TH}	$\overline{U_{TR}}$	$\overline{R_D}$	OUT	放电管状态
×	×	0	0	导通
$>\frac{2}{3}V_{CC}$	$>\frac{1}{3}V_{CC}$	1	0	导通
$<\frac{2}{3}V_{CC}$	$>\frac{1}{3}V_{CC}$	1	保持	保持
$>\frac{2}{3}V_{CC}$	$<\frac{1}{3}V_{CC}$	1	1	截止
$<\frac{2}{3}V_{CC}$	$<\frac{1}{3}V_{CC}$	1	1	截止

555 时基电路可分为双极型和 CMOS 型两类。它们的引脚排列、功能是相同的，双极型通常用 3 位数字 "555" 表示，而 CMOS 型通常用 4 位数字 "7555" 表示。

555 时基电路为 8 脚双排直插封装（DIP），各引脚的功能如表 4-3 所示。

表 4-3 NE555 时基电路各引脚功能一览表

引脚号	字母代号	引脚说明	引脚号	字母代号	引脚说明
1	GND	公共接地端	5	CON	控制信号输入端
2	$\overline{TR}$	触发信号输入端	6	TH	阈值信号输入端
3	OUT	信号输出端	7	DIS	放电控制端
4	$\overline{R_D}$	复位信号输入端	8	V_{CC}	电源电压输入端

1 脚：GND（或 V_{SS}），外接电源负端 V_{SS} 或接地，一般情况下接地。

2 脚：$\overline{TR}$，低触发端。

3 脚：OUT，输出端。

4 脚：$\overline{R_D}$ 是直接清零端。当 $\overline{R_D}$ 端接低电平时，则时基电路不工作，此时不论 TR、TH 处于何电平，时基电路输出为 "0"，该端不用时应接高电平。

5 脚：CON，控制电压端。若此端外接电压，则可改变内部两个比较器的基准电压，当该端不用时，应将该端串入一只 0.01μF 电容接地，以防引入干扰。

6 脚：TH，高触发端。

7 脚：DIS，放电端。该端与放电管集电极相连，用作定时器时电容的放电。

8 脚：V_{CC}（或 V_{DD}），外接电源，双极型时基电路 V_{CC} 的范围是 4.5～16V，CMOS 型时基电路 V_{CC} 的范围为 3～18V，一般用 5V。

（2）555 时基电路构成的多谐振荡器的工作原理

如图 4-10 电路所示，本电路是 555 时基电路的典型应用之一。555 和外围定时元器件组成了无稳态多谐振荡器电路。电路中的 R_1、RP、R_2、C 为定时元件，它们和 555 时基电路共同确定了振荡电路的振荡频率，调节电路中的 RP 即可改变电路的振荡频率。电路中的 Q 端（3 脚）为振荡电路的输出端，当定时元件的参数确定之后，输出端会产生一定频率的输出信号。R_3 为限流电阻，VL 是发光二极管。随着电路振荡频率的不同，发光二极管闪烁的频率也发生着变化。

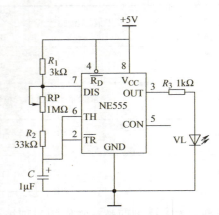

图 4-10　555 时基电路构成的多谐振荡器

该振荡器的工作原理如下：

打开电源一瞬间，电容 C 上的电压不能突变，所以电容 C 两端的电压为 0V，TH 和 $\overline{\text{TR}}$ 端都为低电平，555 时基电路的 3 脚输出为高电平。此时，电源（+5V）通过 R_1、RP、R_2 对 C 充电，当充电到 TH 和 $\overline{\text{TR}}$ 端电压皆大于 $\frac{2}{3}V_{CC}$ 时，555 时基电路的 3 脚输出为低电平，此时 555 内部放电管导通，DIS 端为低电平，电容上的电压通过 R_2、RP 对地放电。如此周而复始，产生了方波信号。

输出方波信号的周期计算如下：

充电时间为 $T_1 = 0.7(R_1 + R_2 + R_P)C$

放电时间为 $T_2 = 0.7(R_2 + R_P)C$

所以方波信号的周期为 $T = T_1 + T_2 = 0.7[R_1 + 2(R_2 + R_P)]C$

输出方波的最大振荡周期为 $T_{max} = 0.7[R_1 + 2(R_2 + R_P)]C$
$= 0.7 \times [3 \times 10^3 + 2 \times (33 \times 10^3 + 1 \times 10^6)] \times 1 \times 10^{-6} \text{s}$
$= 1.4 \text{s}$

所以　　　　　　　　　　$f_{min} = 1/1.4 \text{Hz} = 0.714 \text{Hz}$

输出方波的最小振荡周期为 $T_{min} = 0.7[R_1 + 2(R_2 + R_P)]C$
$= 0.7 \times [3 \times 10^3 + 2 \times (33 \times 10^3 + 0)] \times 1 \times 10^{-6} \text{s}$
$= 0.048 \text{s}$

所以　　　　　　　　　　$f_{max} = 1/0.048 \text{Hz} = 20.8 \text{Hz}$

因此，调节电位器可以改变此电路输出信号的频率，其频率最大值为 20.8Hz，频率最小值为 0.714Hz。因此调节电位器 RP 时，可以看到输出发光二极管 VL 闪烁的快慢不一样。

555 电路的频率主要取决于外围电阻和电容元件，因此只要改变外围电阻 R 和电容 C 就能改变输出信号的振荡频率。实际上，555 时基电路的应用非常广泛，它不仅可以构成多谐振荡器，还可以构成单稳态电路、双稳态电路。

2. 用 555 定时器构成的施密特触发器

将 555 定时器的阈值输入端和触发输入端连在一起，便构成了施密特触发器，如图 4-11a 所示。

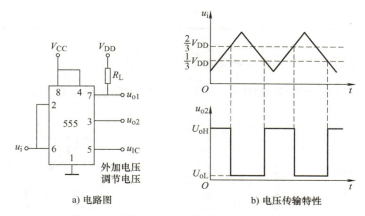

图 4-11　用 555 定时器构成的施密特触发器

当输入如图 4-11b 所示的三角波信号时，从施密特触发器的 u_{o1} 端可得到方波输出。改变图中 5 脚外界控制电压 u_{IC} 的大小，可以调节回差电压范围。如果在 555 定时器的输出端（7 脚）外接一电阻，并与另一电源 V_{CC1} 相连，则由 u_{o2} 输出的信号可实现电平转换。

任务 4.1.2　555 定时器构成的施密特触发器电路的功能测试

任务编号	CS4-2
任务名称	555 定时器构成的施密特触发器电路的功能测试
任务要求	按测试程序要求完成所有测试内容，并撰写测试报告
测试设备	数字电路综合测试系统　　　　　　　　　　　　（1 套） 示波器　　　　　　　　　　　　　　　　　　　（1 台）
元器件	555 定时器，电阻、电容若干
测试电路	图 4-12　施密特触发器电路

（续）

测试程序	（1）按图 4-12 接好电路 （2）检查接线无误后，打开电源 （3）在输入端输入频率为 1kHz、幅值为 1V 的正弦信号 u_i，测量对应输出 u_o 的电压幅值，并用示波器观察其波形，或用发光二极管 LED 观察输出结果
结论 与体会	

1. 用 555 定时器接成的单稳态触发器

由 555 构成的单稳态触发器如图 4-13 所示，工作波形如图 4-14 所示。

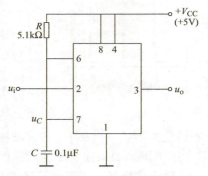 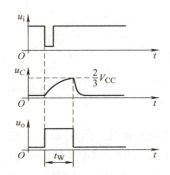

图 4-13 用 555 定时器构成的单稳态触发器 　　　图 4-14 图 4-13 电路的电压波形图

电源接通瞬间，电路有一个稳定的过程，即电源通过电阻 R 向电容 C 充电，当 u_C 上升到 $\frac{2}{3}V_{CC}$ 时，触发器复位，u_o 为低电平，晶体管 VT 导通，电容 C 放电，电路进入稳定状态。若触发输入端施加触发信号（$u_i < \frac{1}{3}V_{CC}$），触发器发生翻转，电路进入暂稳态，u_o 输出高电平，且晶体管 VT 截止。此后电容 C 充电至 $u_C = \frac{2}{3}V_{CC}$ 时，电路又发生翻转，u_o 为低电平，VT 导通，电容 C 放电，电路恢复至稳定状态。如果忽略 VT 的饱和压降，则 u_C 从零电平上升到 $\frac{2}{3}V_{CC}$ 的时间，即为输出电压 u_o 的脉冲宽度 $t_W = RC\ln 3 \approx 1.1RC$。

这种电路产生的脉冲宽度可从几微秒到数分钟，精度可达 0.1%。通常 R 的取值为几百欧姆，电容取值为几百皮法到几百微法。

2. 555 定时器应用电路介绍

应用一：红外线光电开关

图 4-15 所示电路是利用小功率砷化镓红外线发光二极管 VL（5GL 或 HG41）、硅光敏晶体管 V（3DU5C）及施密特触发器 CD40106 等构成的红外线光电开关。该电路常用于工业自动生产线上的产品个数统计。

项目4 电子门铃电路的设计与仿真

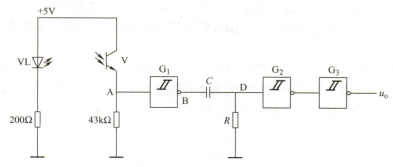

图 4-15 红外线光电开关

电路中，VL 作为发光管，发出的红外线波长为 $0.92\mu m$ 左右。V 作为受光管，其接收红外线的峰值波长为 $0.90 \sim 0.93\mu m$。所以发光管和受光管的峰值波长很接近，可以把它们作为红外对管。施密特触发器 G_1 用于消除抖动尖脉冲和波形的整形，G_2 和 C 元件构成单稳态电路，用于获得等宽的光电脉冲，G_3 用作缓冲级以及对波形极性倒相。

当电路接通电源后，VL 发出红外光线，3DU5C 由于受到红外线照射而处于导通状态，A 点为高电平，B、D 及输出 u_o 均为低电平。若在某一瞬间，VL 和 V 之间的光线被遮挡，V 截止，B、D 点随之跳变为高电平，G_2 被触发，输出 u_o 变为高电平。随后电容开始充电，D 点电位逐渐下降，当其降到 G_2 的 U_{T-} 时，G_2 翻转，u_o 又变为低电平。可利用输出 u_o 的跳变控制计数器进行计数。

应用二：噪声消除器

图 4-16 所示电路是由单稳态触发器 CD4098、D 触发器 CD4013 和一个反相器构成的噪声消除器（又称脉宽鉴别器）。该电路可消除正常脉冲信号中所串入的尖峰或毛刺（即噪声）波形。

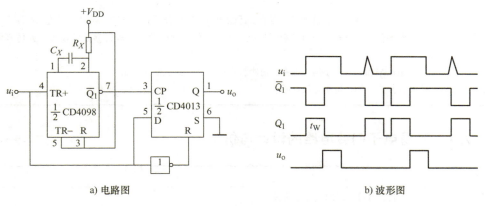

a) 电路图   b) 波形图

图 4-16 噪声消除器

电路中，输入的脉冲信号 u_i 同时加到 CD4098 的 TR+端和 CD4013 的 D 端，CD4098 的输出 Q_1 作为 D 触发器的时钟。

在选择定时元件 R_X、C_X 时，应使单稳电路 CD4098 的输出脉宽大于噪声脉宽，而小于正常输入信号的脉宽。这样，当 u_i 的上升沿来到时，CD4098 被触发，Q_1 端输出脉宽为 t_W 的正脉冲。当 CIM098 的 Q_1 端恢复低电平时，其 $\overline{Q_1}$ 端的上升沿作为 CD4013 的时钟，将 u_i 送到 D 触发器的 Q 端（即输出端 u_o）。当输入信号下降沿来到时，通过反相器，将 D 触发器复位。波形如图 4-16b 所示。

输入信号中的噪声，其宽度小于单稳电路输出的脉宽。因此，虽然噪声也触发单稳电路，但在单稳态结束时（即 CD4098 的 Q_1 发生正跳变时），CD4013 的 D 端已呈低电平，所以输出 u_o 仍为低电平，这样便有效地抑制了噪声的干扰。

任务 4.2　电子门铃电路的设计与仿真

项目任务单如下：

项目名称		项目 4　电子门铃电路的设计与仿真	
任务编号	4.2	任务名称	电子门铃电路的设计与仿真
任务内容	1. 使用 Multisim 软件完成如下工作 （1）电子门铃电路原理图的绘制 （2）元器件的参数设置 （3）电路功能的仿真 步骤：按要求完成电子门铃电路的设计与仿真，完成原理图设计、元器件选型及参数设置、电路性能的仿真 2. 撰写设计报告		
任务实施准备	计算机，安装 Multisim 软件		
任务要求与考核标准	1. 总体方案选择：根据设计任务要求及性能指标，选择合适的设计方案，绘制电路的总体方案原理图 2. 元器件的选择：根据设计任务要求及性能指标，选择合适的元器件，列出所用的元器件 3. 电路的仿真：能查阅手册正确画出电路图，用仿真软件分析，进行参数的设置，并仿真电路的功能 4. 小组汇报和展示：小组汇报条理清晰，设计作品能实现设计功能 5. 设计报告：能规范撰写设计报告		

任务 4.2.1　简易电子门铃电路的设计与仿真

任务编号	SJ4-1
任务名称	简易电子门铃电路的设计与仿真
任务要求	1. 设计功能指标 用 555 定时器设计一简易电子门铃电路，音频频率为 470kHz 2. 任务要求 完成原理图设计、元器件选型、用 Multisim 软件绘制电路图、电路性能仿真测试与验证、设计文档编写

(续)

仿真软件	Multisim 软件
元器件	555 定时器、扬声器、开关、电阻、电容、二极管
设计步骤	该电子门铃电路的音频频率为470kHz，由555定时器构成的多谐振荡器可知，振荡频率为 $$f = \frac{1.43}{(R_1 + 2R_2)C_1} = 470\text{kHz}$$ 可取 $R_1 = 3\text{k}\Omega$，$R_2 = 68\text{k}\Omega$，$C_1 = 0.022\mu\text{F}$，电路如图4-17所示，按下按钮SB，电路起振，按电路参数计算，若电路振荡频率落入音频范围，输出端就输出音频信号并经C_2耦合推动扬声器B发声。若嫌音色不佳，可改变R_2的阻值，直到使音色满意为止
设计电路	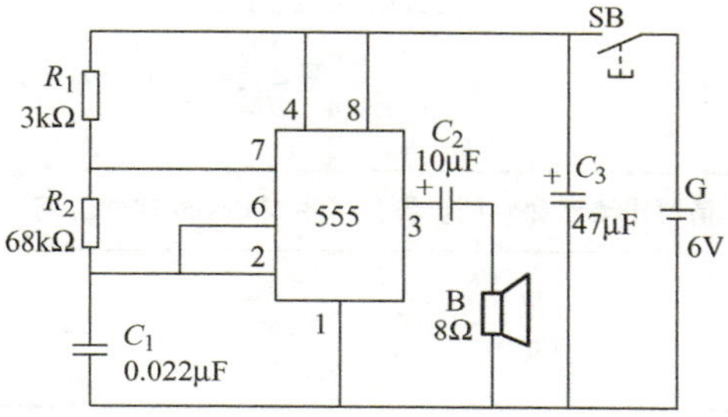 图4-17 简易电子门铃电路
测试程序	注：请写出测试和验证步骤，可用Multisim软件仿真
结论与体会	

任务4.2.2　叮咚电子门铃电路的设计与仿真

任务编号	SJ4-2
任务名称	叮咚电子门铃电路的设计与仿真
任务要求	1. 设计功能指标 用555定时器设计一个叮咚电子门铃电路 2. 任务要求 完成原理图设计、元器件选型、用Multisim软件绘制电路图、电路性能仿真测试与验证、设计文档编写
测试设备	数字电路综合测试系统　　　　　　　　　　　　（1套） 数字万用表　　　　　　　　　　　　　　　　　（1块） 注：根据设计测试要求填入
元器件	注：根据设计要求，选型填入
设计步骤	注：请写出设计步骤

设计电路	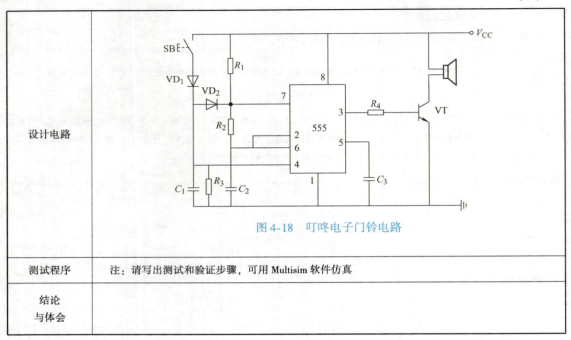 图4-18 叮咚电子门铃电路
测试程序	注：请写出测试和验证步骤，可用Multisim软件仿真
结论 与体会	

原理图如图4-18所示。

电路图中的NE555和R_1、R_2、R_3、VD_1、VD_2、C_2构成了一个多谐振荡器，SB是叮咚门铃的按钮开关，在平时，按钮开关处于断开的状态，此时VD_1没有导通，VD_2反向截止。R_3接地，所以NE555的4号端口一直处于低电平，而NE555的4接口是复位端，当接入低电平时使其复位，所以3号端口无输出，扬声器不响。并且C_2通过R_1、R_2充电，充电完成后C_1两端电压约等于电源电压。当SB闭合时，VD_1正向导通，通过R_3向C_1充电，C_1两端电压升高，此时NE555的4号端处于高电平，无法使其复位，与此同时，C_2则通过R_2向NE555的7端口放电，它们以及NE555和C_3构成了一个多谐振荡器。此时$f=\dfrac{1}{0.7(2R+2R_2)C_2}$，约等于1386Hz，R为$VD_1$与$VD_2$的电阻和，约为300Ω。松开SB时，已经充满电的$C_1$开始放电，$R_2$、$R_3$、$C_2$和NE555构成一个多谐振荡器，此时$f=\dfrac{1}{0.7(R_1+2R_2)C_2}$，约等于71Hz。

电路数据：$R_1=10\text{k}\Omega$、$R_2=5\text{k}\Omega$、$R_3=10\text{k}\Omega$、$R_4=120\Omega$、$C_1=10\mu\text{F}$、$C_2=0.1\mu\text{F}$、$C_3=0.01\mu\text{F}$、$V_{CC}=5\text{V}$。

按下SB之后：

叮声的频率$f=\dfrac{1}{0.7(2R+2R_2)C_2}=1386\text{Hz}$（其中R为二极管导通后电阻，约为150Ω）

C_2充电时间$t_{11}<C_2(R_2+2R)=5.3\times10^{-4}\text{s}$（其中R为二极管导通后电阻，约为150Ω）

C_2放电时间$t_{12}<C_2R_2=5\times10^{-4}\text{s}$

松开SB之后：由于间隔的时间特别短，人耳无法分辨出间断的叮声，所以人们听到的是持续的叮声。

项目4 电子门铃电路的设计与仿真

咚声的频率 $f = \dfrac{1}{0.7(R_1 + 2R_2)C_2} = 717\text{Hz}$

C_2 充电时间 $t_{11} < C_2(R_1 + R_2) = 1.5 \times 10^{-3}\text{s}$

C_2 放电时间 $t_{12} < C_2 R_2 = 5 \times 10^{-4}\text{s}$

C_1 放电时间 $t = C_1 R_1 = 1\text{s}$

咚声持续的时间为 1s

调节数据如下:

叮声的频率:减小 R_2,频率变大,反之则变小;减小 C_2,频率变大,反之则变小。

咚声的频率:减小 R_1、R_2,频率变大,反之则变小;减小 C_1,频率变大,反之则变小。

咚声持续的时间:减小 C_1、R_1,则持续时间变短,反之则变长。

各元器件功能:

R_1:SB 断开后,给 C_2 充电。

R_2:给 C_2 充放电。

R_3:给 C_1 充放电。

R_4:限制电流,防止晶体管被烧坏。

C_1:通过充放电控制 NE555 的 4 端口,来控制扬声器的工作。

C_2:通过充放电来控制 NE555,使其发出脉冲波。

C_3:滤波,防止干扰。

VD_1、VD_2:单向导电,防止闭合 SB 后,还有电流流过 C_1 使其充电。

SB:开关按钮,控制叮咚声的开始和叮咚声的结束。

VT:放大电流,使电流能够驱动扬声器。

扬声器:发出叮咚的声音。

任务 4.2.3 延迟电子门铃电路的设计与仿真

任务编号	SJ4-3
任务名称	延迟电子门铃电路的设计与仿真
任务要求	1. 设计功能指标 用 555 定时器设计一个延迟电子门铃电路 2. 任务要求 完成原理图设计、元器件选型、用 Multisim 软件绘制电路图、电路性能仿真测试与验证、设计文档编写
测试设备	数字电路综合测试系统　　　　　　　　　　　　(1 套) 数字万用表　　　　　　　　　　　　　　　　(1 块) 注:根据设计测试要求填入
元器件	注:根据设计要求,选型填入
设计步骤	注:请写出设计步骤

(续)

设计电路	延迟电子门铃电路如图 4-19 所示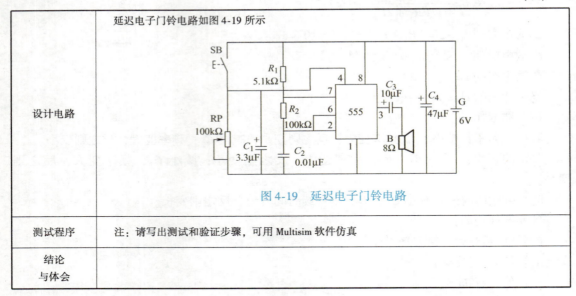图 4-19　延迟电子门铃电路
测试程序	注：请写出测试和验证步骤，可用 Multisim 软件仿真
结论与体会	

【知识拓展】

1. 微分电路

微分电路是一种能够将输入的矩形脉冲变换为正负尖脉冲的波形变换电路。微分电路的形式就是一个 RC 串联电路，且要求电路的充放电时间常数 $\tau = RC$ 远小于输入矩形正脉冲的宽度 t_W。图 4-20 所示为其两种典型电路，其中图 4-20a 为电阻下拉式，图 4-20b 为电阻上拉式。虽然两者的电路形式不同，但其实现的功能是基本相同的。

下面以图 4-20a 为例分析其工作原理：

当 $t < t_1$ 时，$u_i = 0$，所以 $u_o = 0$。

在 $t = t_1$ 瞬间，u_i 正跳变到 $+V$，由于电容两端电压不能突变，所以，u_i 的跳变使得输出电压 u_o 产生同样幅度的跳变，即 $u_o = +V$。

当 $t > t_1$ 之后，输入 u_i 保持 $+V$ 不变，输入电压以时间常数 $\tau = RC$ 迅速对电容充电，使 u_C 以指数规律 $V(1-e^{-\frac{t-t_1}{\tau}})$ 增大，u_o 则按指数规律 $Ve^{-\frac{t-t_1}{\tau}}$ 相应下降。对应于输入电压的正跳变，在电阻上就形成一个正尖脉冲。

当 $t = t_2$ 时，输入 u_i 由 $+V$ 跳变到 0，输入端相当于短路。由于电容两端电压不能突变，所以 $u_o = -u_C = -V$，产生一负跳变。随后，电容又以同样的时间常数 $\tau = RC$ 放电，使得 u_o 按指数规律 $V(1-e^{-\frac{t-t_2}{\tau}})$ 相应上升，形成一负尖脉冲输出。

可见，对应于输入电压正跳变或负跳变，输出电压的幅度最大，而对应于输入电压的平直部分，输出电压接近于零。显然，输出电压的大小反映了输入电压的变化率，即输出电压与输入电压近似为微分关系。其时序波形如图 4-20c 所示。

项目4　电子门铃电路的设计与仿真

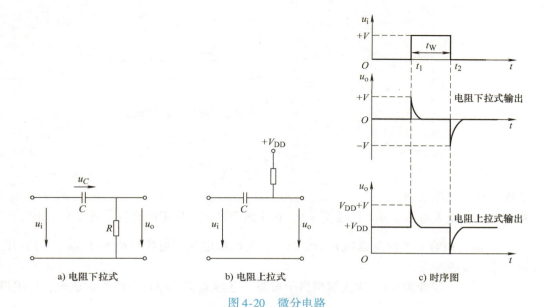

图 4-20　微分电路

值得提出的是：当电路的时间常数 $\tau = RC \gg t_W$ 时，即使电路的形式完全一样，但这样的 RC 电路是耦合电路，而不是微分电路，其输出电压 u_o 与输入电压 u_i 的波形近似相同，波形如图 4-21 所示，请读者自行分析。

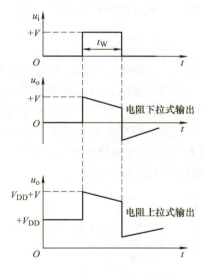

图 4-21　耦合电路的时序图

2. 积分电路

积分电路也是一种常用的波形变换电路，它可以将矩形脉冲变换成近似三角波。其电路也是一个 RC 串联电路，但从电容上取出输出电压，且要求电路的时间常数 $\tau = RC$ 远大于输入矩形正脉冲的宽度 t_W。其电路如图 4-22a 所示。

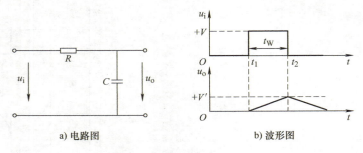

图 4-22 积分电路

下面分析其工作原理：

在 t_1 时刻，输入电压 u_i 从 0 跳变为 $+V$，由于电容的端电压不能突变，所以 $u_o = 0V$。

当 $t > t_1$ 时，电容 C 按时间常数 $\tau = RC$ 充电，其两端电压按指数规律 $V(1 - e^{-\frac{t-t_1}{\tau}})$ 上升，u_o 仅是指数曲线的一段。

在 $t = t_2$ 时，u_i 跳变为 0V，输入端相当于短路，电容 C 以 $\tau = RC$ 时间常数放电，u_o 按指数曲线 $V' e^{-\frac{t-t_1}{\tau}}$ 衰减到 0V。

可见，积分电路具有把矩形脉冲变换为三角形的功能，只是三角形的幅度小于矩形脉冲幅度 V，时序波形如图 4-22b 所示。

由上述可见，微分电路和积分电路都是一种最简单的波形变换电路，输出电压波形的宽度与电容充放电回路中等效电阻与等效电容的取值有关，即与时间常数 τ 有关。

3. 阈值电压

在分析脉冲波形和计算参数时，还经常要用到阈值电压。所谓阈值电压，是指集成门电路的输出状态发生翻转时，所对应的临界输入信号电压，用 U_{TH} 表示。

由于门电路的电压传输特性不太理想，存在一定的传输时间，因此，使门电路输出发生翻转所对应的输入信号有一较小范围，即存在一转折区。图 4-23 是反相器的电压传输特性。通常将转折区中点所对应的输入电压称为阈值电压。一般 TTL 门电路取 1.4V 作为阈值电压，CMOS 门电路取 1/2 电源电压作为阈值电压。

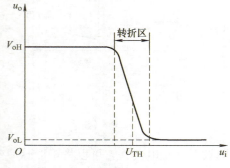

图 4-23 反相器的电压传输特性

4. 利用反相器对微积分脉冲进行整形处理

前述的微分电路和积分电路虽然可对波形进行变换，但其输出波形并不是一个标准的时钟脉冲，为了得到标准的时钟脉冲信号，可利用反相器对其进行整形处理。其电路形式及时序波形如图 4-24 所示，请读者自行分析（设 $U_{TH} = \frac{1}{2}V_{DD}$ 时）。

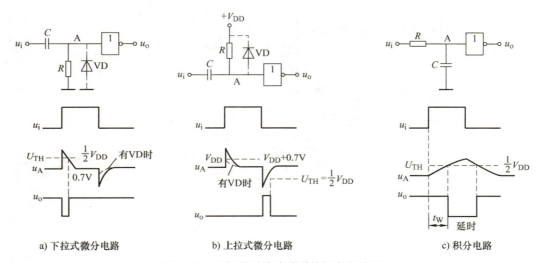

图 4-24　反相器对脉冲波形的整形和处理

知识小结

- 555 定时器是一种多用途的集成电路，只需外接少量阻容元件便可构成施密特触发器、单稳态触发器和多谐振荡器等。此外，它还可组成其他各种实用电路。
- 施密特触发器有两个稳定状态，有两个不同的触发电平。施密特触发器可将任意波形变换成矩形脉冲，还常用来进行幅度鉴别、构成单稳态触发器和多谐振荡器等。
- 单稳态触发器有一个稳定状态和一个暂稳态，可将输入的触发脉冲变换为宽度和幅度都符合要求的矩形脉冲，还常用于脉冲的定时、整形、展宽等。
- 多谐振荡器没有稳定状态，只有两个暂稳态。多谐振荡器接通电源后就能输出周期性的矩形脉冲。

思考与练习

1. 555 定时器电路主要由哪几部分组成？各部分的作用是什么？
2. 简述 555 定时器的工作原理。
3. 简述 555 定时器电路组成施密特触发器、单稳态触发器和多谐振荡器的方法和工作原理。

4. 图 4-25 给出了 555 定时器构成的施密特触发器用作光控路灯开关的电路图，分析其工作原理。

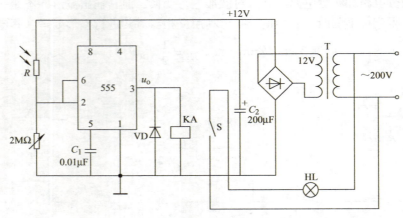

图 4-25　题 4 图

项目 5

制作步进电动机

项目目标:

1. 能正确使用电子仪器。
2. 掌握集成电路的应用及检测。
3. 掌握数字集成电路的设计和调试。

项目引入:

制作一个步进电动机,并能实现步进电动机的正反转控制、转动数字显示、置数控制、定时控制等。

预备知识:

1. 步进电动机的工作原理

步进电动机是一种将电脉冲转化为角位移的执行机构。当步进电动机驱动器接收到一个脉冲信号,它就驱动步进电动机按设定的方向转动一个固定的角度(即步距角),它的旋转是以固定的角度一步一步运行的,故称为步进电动机。可以通过控制脉冲个数来控制角位移量,从而达到准确定位的目的;同时可以通过控制脉冲频率来控制电动机转动的速度,从而达到调速的目的。步进电动机可以作为一种控制用的特种电动机,利用其没有积累误差(精度为100%)的特点,广泛应用于速度、位置等各种开环控制领域。

常用的步进电动机分三种:永磁式(Permanent Magnet,PM)、反应式(Variable Reluctance,VR)和混合式(Hybrid Stepping,HS)。永磁式步进电动机一般为两相,转矩和体积较小,步进角一般为7.5°或15°;反应式步进电动机一般为三相,可实现大转矩输出,步进角一般为1.5°,但噪声和振动都很大,目前已被淘汰;混合式步进电动机综合了反应式和永磁式的优点,应用最为广泛。

按步进电动机内部的线圈数来分,目前常用的有二相、三相、四相、五相步进电动机。电动机相数不同,其步距角也不同。例如混合式二相步进电动机的步距角为0.9°/1.8°,三相的为0.75°/1.5°,五相的为0.36°/0.72°。在没有细分驱动器时,用户主要靠选择不同相数的步进电动机来满足自己步距角的要求。如果使用细分驱动器,则在驱动器上改变细分数，就可以改变步距角。图 5-1 是 PM20L-20-05 四相步进电动机的接线图。

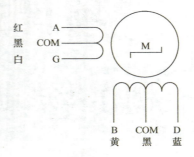

图 5-1　PM20L-20-05 四相步进电动机的接线图

四相步进电动机按照通电顺序的不同，可分为单四拍（A→B→C→D→A）、双四拍（AB→BC→CD→DA→AB）、八拍（A→AB→B→BC→C→CD→D→DA→A）三种工作方式。单四拍与双四拍的步距角相等，但单四拍的转动力矩小。八拍工作方式的步距角是单四拍与双四拍的一半，因此，八拍工作方式既可以保持较高的转动力矩又可以提高控制精度。图 5-2 是步进电动机工作的时序波形图。

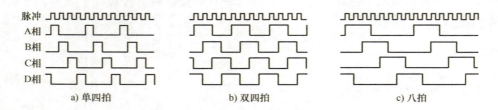

图 5-2　步进电动机工作的时序波形图

2. 综合实验箱功能简介

综合实验箱面板排列图如图 5-3 所示。
性能特点如下：

1）直流电源：内接有 +6V（采用 5 号碱性电池，实验时宜采用工作电源电压范围大的 74HC 或 CD4000 系列的数字集成电路），其中 +6V 输出端有 100mA 限流和自动恢复功能，若要取消限流功能，可将两端短路。

可外接电源：±6V（此时自动断开电池供电）。外接 -6V 电源也可接线到 28 芯锁紧双列插座的 -6V 处。带切断或接通 ±6V 的电源开关，有 +6V 红发光管、-6V 绿发光管指示。

2）实验电路板：830 芯优质多孔插座板（面包板）。中间凹槽是安插双列直插式集成电路芯片的地方。

3）接插座组：3 个 28 芯锁紧双列插座，用作电源、信号、电位器、电平的输入输出连接座，也可利用 a-a、b-b、c-c、…、k-k、l-l 直通端连接粗脚电阻、电容、晶体管、大功率管、集成功放电路等元器件。

项目5 制作步进电动机

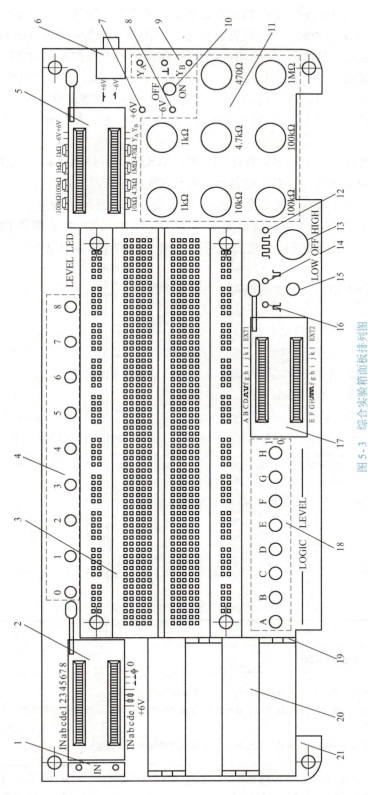

图 5-3 综合实验箱面板排列图

1—信号输入接线端X1 2—双列锁紧28芯插座XS1 3—多孔插座板（面包板） 4—九逻辑电平显示灯 5—双列锁紧28芯插座XS2 6—±6V外接电源插座XS4 7—+6V电源指示灯 8—-6V电源指示灯 9—信号输出指示灯 10—电源开关 11—八电位器 12—方波输出指示灯 13—方波频率调节旋钮 14—负脉冲输出指示灯 15—单脉冲输出按钮 16—正脉冲输出指示灯 17—双列锁紧28芯插座XS3 18—八数据电平开关 19—5号电池盒 20—4节5号电池 21—印制电路板

4)脉冲信号:1~120Hz 连续可调 TTL 方波输出,发光二极管连续闪亮表示有脉冲输出,还有正、负 TTL 单次脉冲输出。连续方波调整旋钮在 OFF 位置时可关闭连续方波和单次脉冲输出。若需要更好的脉冲信号波形输出,可以在面包板上外接非门对 TTL 方波或单次脉冲进行整形后再输出。

5)数据电平开关:A~H 的 8 个拨动开关,产生"0""1"数字逻辑电平。

6)逻辑电平显示:0~8 的 9 个发光二极管,发光管"亮"表示输入为逻辑高电平"1"。

7)电位器组:470Ω、1kΩ×2、4.7kΩ、10kΩ、100kΩ×2、1MΩ(碳膜电位器额定功率为 0.5W),作为可变电阻使用。各电位器内部未与其他部件相连。

8)发声装置:φ30mm 蜂鸣片(工作频率 4kHz),其一端已接地。

9)输入、输出信号座:采用不锈钢螺钉接线座,有输入端 IN 和两路输出端 Y_A、Y_B,其中⊥端已接地,适用于连接鳄鱼夹或带钩的信号源输出、毫伏表输入、示波器探头输入。

10)扩展端:利用 EXT1、EXT2 两端可内外接其他部件。

使用注意事项:

1)使用本实验箱严禁进行强电实验。

2)组装实验电路前须先断开电源开关,电路接线检查无误后,才可合上电源进行实验,更换电路板上的元器件或接线也应先切断电源。外接电源采用三芯 φ3.5mm 插座,注意极性不要接反,外接直流电压一般不要超过 ±6V。

3)多孔插座板上的导线一般用单股线 φ0.5 mm 左右的塑料硬线,线头剥线长度约 8mm,剥头部分要全部插入孔内,以保证接触良好。不要把粗引线的元器件或导线插入孔内。

4)实验完毕,应及时关闭电源开关,及时清理实验箱内的杂物,把小工具和元器件等物归原位。合上实验箱搭扣,严禁实验箱摔打和受压。

5)实验箱长期不用,请取出电池,以免电池腐烂,损坏机件。

任务 5.1　　四相步进电动机转动

项目任务单如下:

任务编号	SJ5-1
任务名称	四相步进电动机转动
任务要求	1. 按图 5-4 接线,在实验箱上组成四相步进电动机转动电路 2. 正确接线后,合上电源开关,步进电动机就会转动,调节连续脉冲的频率越高,步进电动机转速就越快 3. 制作步进电动机底座和主轴连接杆,要能与槽形光电开关发生作用
设备及元器件	综合实验箱、PM20L-20-05 四相步进电动机、74HC08、CD4013、9013×4、1kΩ×4

（续）

设计电路	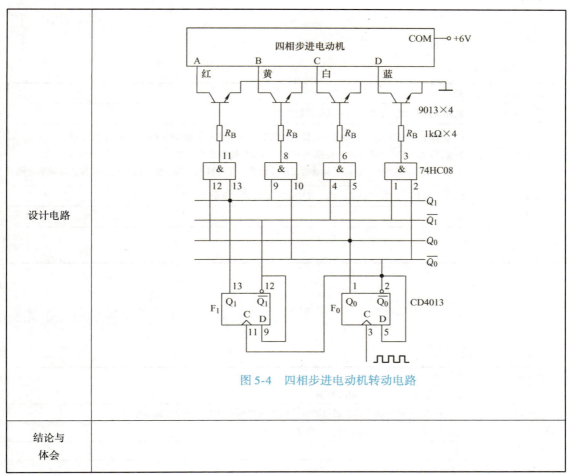图 5-4 四相步进电动机转动电路
结论与体会	

任务 5.2　四相步进电动机正反转控制

项目任务单如下：

任务编号	SJ5-2
任务名称	四相步进电动机正反转控制
任务要求	1. 应用逻辑代数和组合电路设计方法，用与非门设计一个"最简"的组合逻辑电路来控制四相步进电动机正反转 2. 列出步进电动机 A、B、C、D 相的真值表，并写出 A、B、C、D 的逻辑函数表达式
设备及元器件	综合实验箱、PM20L-20-05 四相步进电动机、门电路等电子元器件
设计电路	略
结论与体会	

任务 5.3　四相步进电动机转动数字显示及置数控制

项目任务单如下：

任务编号	SJ5-3
任务名称	四相步进电动机转动数字显示及置数控制
任务要求	1. 设计由 74HC192、CD4511、七段数码管和电阻组成加计数译码显示电路（1 位显示） 2. 利用光电遮断型开关和门电路组成步进电动机转数检测电路 3. 设计由 74HC192 组成可预置数的减法计数器，实现减到 0 时，步进电动机自动停止转动的电路
设备及元器件	综合实验箱、四相步进电动机、光电遮断型开关、电子元器件
设计电路	略
结论与体会	

任务 5.4　四相步进电动机转速和定时控制

项目任务单如下：

任务编号	SJ5-4
任务名称	四相步进电动机转速和定时控制
任务要求	设计由 7556 定时器实现步进电动机的转速调节和定时 10s 转动的控制电路
设备及元器件	综合实验箱、四相步进电动机、电子元器件
设计电路	略
结论与体会	

附　　录

附录 A　项目测试报告格式

班级：　　　　　　组长：　　　　　　小组成员：

任务名称		任务编号	
任务要求			
测试设备			
元器件			
测试电路			
测试程序			
结论与体会			

附录 B 项目设计报告格式

项目设计小组成员：＿＿＿＿＿＿＿＿＿＿＿＿＿＿＿＿＿＿＿＿＿＿＿＿＿＿＿
项目名称：＿＿＿＿＿＿＿＿＿＿＿＿＿＿＿＿＿＿＿＿＿＿＿＿＿＿＿＿＿＿＿
项目编号：＿＿＿＿＿＿＿＿＿＿＿＿＿＿＿＿＿＿＿＿＿＿＿＿＿＿＿＿＿＿＿
设计指标：＿＿＿＿＿＿＿＿＿＿＿＿＿＿＿＿＿＿＿＿＿＿＿＿＿＿＿＿＿＿＿

设计步骤（标准电路图样另附）：

性能测试结果与应用建议:

<hr>

标准电路图样格式

电路名称			
任务名称			
任务编号		班级	
组长		成员	

附录 C 数字电路常用器件引脚图

74××00 — 74LS00
引脚	左	右	引脚
1	1A	V_{CC}	14
2	1B	4A	13
3	1Y	4B	12
4	2A	4Y	11
5	2B	3A	10
6	2Y	3B	9
7	GND	3Y	8

74××04 — 74LS04
引脚	左	右	引脚
1	1A	V_{CC}	14
2	1Y	6A	13
3	2A	6Y	12
4	2Y	5A	11
5	3A	5Y	10
6	3Y	4A	9
7	GND	4Y	8

74××08 — 74LS08
引脚	左	右	引脚
1	1A	V_{CC}	14
2	1B	4A	13
3	1Y	4B	12
4	2A	4Y	11
5	2B	3A	10
6	2Y	3B	9
7	GND	3Y	8

74××10 — 74LS10
引脚	左	右	引脚
1	1A	V_{CC}	14
2	1B	1C	13
3	2A	1Y	12
4	2B	3A	11
5	2C	3B	10
6	2Y	3C	9
7	GND	3Y	8

74××20 — 74LS20
引脚	左	右	引脚
1	1A	V_{CC}	14
2	1B	2A	13
3	NC	2B	12
4	1C	NC	11
5	1D	2C	10
6	1Y	2D	9
7	GND	2Y	8

74××32 — 74LS32
引脚	左	右	引脚
1	1A	V_{CC}	14
2	1B	4A	13
3	1Y	4B	12
4	2A	4Y	11
5	2B	3A	10
6	2Y	3B	9
7	GND	3Y	8

74××86 — 74LS86
引脚	左	右	引脚
1	1A	V_{CC}	14
2	1B	4A	13
3	1Y	4B	12
4	2A	4Y	11
5	2B	3A	10
6	2Y	3B	9
7	GND	3Y	8

74××112 — 74LS112
引脚	左	右	引脚
1	1CP	V_{CC}	16
2	1K	$1\overline{R_D}$	15
3	1J	$2\overline{R_D}$	14
4	$1\overline{S_D}$	$2\overline{CP}$	13
5	1Q	2K	12
6	$1\overline{Q}$	2J	11
7	$2\overline{Q}$	$2\overline{S_D}$	10
8	GND	2Q	9

74××138 — 74LS138
引脚	左	右	引脚
1	A_0	V_{CC}	16
2	A_1	$\overline{Y_0}$	15
3	A_2	$\overline{Y_1}$	14
4	$\overline{ST_B}$	$\overline{Y_2}$	13
5	$\overline{ST_C}$	$\overline{Y_3}$	12
6	ST_A	$\overline{Y_4}$	11
7	$\overline{Y_7}$	$\overline{Y_5}$	10
8	GND	$\overline{Y_6}$	9

（续）

74××139

$1\overline{ST}$	1	16 V_{CC}
$1A_0$	2	15 $2\overline{ST}$
$1A_1$	3	14 $2A_0$
$1\overline{Y}_0$	4 74LS139	13 $2A_1$
$1\overline{Y}_1$	5	12 $2\overline{Y}_0$
$1\overline{Y}_2$	6	11 $2\overline{Y}_1$
$1\overline{Y}_3$	7	10 $2\overline{Y}_2$
GND	8	9 $2\overline{Y}_3$

74××153

$1\overline{ST}$	1	16 V_{CC}
A_1	2	15 $2\overline{ST}$
$1D_3$	3	14 A_0
$1D_2$	4 74LS153	13 $2D_3$
$1D_1$	5	12 $2D_2$
$1D_0$	6	11 $2D_1$
$1Y$	7	10 $2D_0$
GND	8	9 $2Y$

74××163

$\overline{CR}$	1	16 V_{CC}
CP	2	15 C_o
D_0	3	14 Q_0
D_4	4 74LS163	13 Q_1
D_2	5	12 Q_2
D_3	6	11 Q_3
CT_P	7	10 CT_T
GND	8	9 LD

74××193

D_1	1	16 V_{CC}
Q_1	2	15 D_0
Q_0	3	14 CR
CP_D	4 74LS193	13 $\overline{B}_o$
CP_U	5	12 $\overline{C}_o$
Q_2	6	11 LD
Q_3	7	10 D_2
GND	8	9 D_3

74××194

$\overline{CR}$	1	16 V_{CC}
D_{SR}	2	15 Q_0
D_0	3	14 Q_1
D_1	4 74LS194	13 Q_2
D_2	5	12 Q_3
D_3	6	11 CP
D_{SL}	7	10 M_1
GND	8	9 M_0

LC5011

g f com a b
10 9 8 7 6

a
f b
g
e c
d DP

1 2 3 4 5
e d com c DP

4511

B	1	16 V_{DD}
C	2	15 f
$\overline{LT}$	3	14 g
$\overline{BL}$	4 4511	13 a
LE	5	12 b
D	6	11 c
A	7	10 d
GND	8	9 e

GAL16V8

I_0/CLK	1	20 V_{CC}
I_1	2	19 I/O_7
I_2	3	18 I/O_6
I_3	4	17 I/O_5
I_4	5 GAL16V8	16 I/O_4
I_5	6	15 I/O_3
I_6	7	14 I/O_2
I_7	8	13 I/O_1
I_8	9	12 I/O_0
GND	10	11 I_9/OE

555

GND	1	8 V_{CC}
$\overline{TR}$	2 555	7 DIS
OUT	3	6 TH
$\overline{R}_D$	4	5 CON

参 考 文 献

[1] 李玲. 数字逻辑电路测试与设计 [M]. 2版. 北京：机械工业出版社，2014.
[2] 沈任元. 数字电子技术基础 [M]. 北京：机械工业出版社，2016.
[3] 段有艳. 数字电子技术应用（项目教程）[M]. 北京：机械工业出版社，2014.